寻找热量的足迹
——电子产品热设计中的温升与热况

［美］托尼·科迪班（Tony Kordyban） 著

李 波 陈永国 王 妍 译

机 械 工 业 出 版 社

本书以故事的形式讲述了电子产品设计中不经意或者非常容易忽视的小问题，详细说明了一些设计的谬误，对于提高产品可靠性有着非常重要的指导意义。本书具有措辞诙谐幽默、内容丰富、贴近实际产品和涉及行业广泛等特点。诙谐的言语承载着宝贵的经验知识，实乃电子设备热设计行业难得一见的好书。

本书可以作为电子设备热设计从业人员的参考用书。同时也可以作为电子工程师、结构工程师的工作扩展读物，对于将来有志于从事电子设备热设计的人士而言，同样具有较大的参考价值。

图书在版编目（CIP）数据

寻找热量的足迹：电子产品热设计中的温升与热沉/（美）托尼·科迪班（Tony Kordyban）著；李波，陈永国，王妍译. —北京：机械工业出版社，2018.6（2024.11重印）

书名原文：Hot Air Rises and Heat Sinks: Everything You Know About Cooling Electronics Is Wrong

ISBN 978-7-111-59740-7

Ⅰ.①寻…　Ⅱ.①托…②李…③陈…④王…　Ⅲ.①电子产品-温度控制-设计　Ⅳ.①TN602

中国版本图书馆 CIP 数据核字（2018）第 081859 号

机械工业出版社（北京市百万庄大街22号　邮政编码100037）
策划编辑：任　鑫　责任编辑：任　鑫
责任校对：姚玉霜　封面设计：马精明
责任印制：邰　敏
中煤（北京）印务有限公司印刷
2024年11月第1版第5次印刷
148mm×210mm·7印张·166千字
标准书号：ISBN 978-7-111-59740-7
定价：45.00元

凡购本书，如有缺页、倒页、脱页，由本社发行部调换

电话服务　　　　　　　　　　网络服务
服务咨询热线：010-88361066　　机 工 官 网：www.cmpbook.com
读者购书热线：010-68326294　　机 工 官 博：weibo.com/cmp1952
　　　　　　　010-88379203　　金 书 网：www.golden-book.com
封面无防伪标均为盗版　　　　教育服务网：www.cmpedu.com

译者的话

李波如果有时间来漕河泾，就会到我这边来坐坐。每次来都背着一个很大的黑色单肩包。这次来了之后，从包里拿出了 Tony Kordyban（以下简称 Tony）先生的著作《Hot Air Rises and Heat Sinks》，故作神秘地问我想不想一起翻译一把。

本书是 Tony 先生两本电子冷却著作中的一本。李波在 2014 年把另外一本《More Hot Air》翻译出版了。Tony 先生是一位非常资深的电子与通信产品热设计专家，他以幽默风趣的写作风格，将其在长期工作过程中积累的热设计经验教训，以令人耳目一新的形式呈现给广大读者。我在美国的同事与其相识，据介绍 Tony 先生从小立志成为一名作家。即使后来从事了热设计工作，但工作中的点点滴滴和丝丝缕缕都给记录了下来。他对于写作的坚持和不懈，对于技术的钻研和探究，为我们带来了许许多多的工程小说。

记得刚进入热设计这个行业时，我浏览最多的就是 Tony 先生在网络上的博客，博客的名字就是《Everything You Know About Cooling Electronics Is Wrong》。Tony 通过与读者互动的形式，将读者关心的电子和通信散热问题一一作答。Tony 撰写的博客非常风趣，总能吸引我不停地读下去，受益匪浅。

今天来翻译 Tony 的著作，依稀可以看到书中透出当年博客的风采。每一章以一个故事的形式娓娓道来，将复杂的电子散热知识以简单明了的形式介绍给读者。每一个故事包含着一个热设计经验教训。不论你是刚入行的热设计工程师，还是入行多年的资深工程师，均能从每个故事中学到一些东西。

一个好汉三个帮，这次翻译也邀请到 Automotive Lighting 的高级热设计工程师王妍一起参与。李波主要负责致谢及第一～十章；我主要负责第十一～二十章；由王妍进行第二十一～三十章翻译。在翻译过程中，得到了机械工业出版社任鑫老师的大力支持，在此深表谢意。

限于译者水平，以及 Tony 先生旁征博引和诙谐幽默的写作风格，本书翻译不当之处在所难免，恳请广大读者不吝赐教。

陈永国

2018 年 4 月

致谢

本书最初是源于公司内部关于热设计的时事通讯《HOT-NEWS》，它的总发行量不超过 100 本。在没有得到 16 个批准的情况下，绝大多数公司不会让你写一篇关于太阳如何从东方升起的报告。Tellabs 公司不仅没有制止我，而且鼓励我去撰写这些设计错误。这些设计错误充满了幽默的风格。

不仅如此，领导们认为《HOTNEWS》将会成为一本畅销世界的好书。我特别感谢我开始撰写《HOTNEWS》时的公司副总裁 Jim Melsa，他现在是爱荷华州立大学工程院院长，他帮助我做这件事情，并且找到了一个协助出版商。Ted Okiishi 为这么一个奇特的项目寻找合适的出版社，他是爱荷华州立大学工程院研究和外联院长。如果没有我的经理 Tom Ortlieb 和总监 Paul Smith 的支持和鼓励，《HOTNEWS》和本书也是无法出版的。他们认为可以从错误中收获良多，而不是置之不理。

我需要感谢 Carol Gavin，他允许我在本书中使用 Tellabs 公司的时事通讯材料。Tellabs 公司的董事长和 CEO Mike Birck 也非常开明地同意了这件事，可能他也认识到这件事或多或少还是有教育的潜力。

此外，我得到了很多来自 Bill Ramsay、Margaret Ramsay、Bertha Thomas 以及我妻子 Alice Ramsay 的精神上和物质上的支持。

感谢几位《HOTNEWS》匿名的读者，他们建议"你入错行了。你应该放弃从事技术，而成为一个作家！"我相信你们没有在评论我的技术能力。

题词

致敬我的父亲 Eugene S. Kordyban，是他告诉我两个不能吸热水的原因。如果你能记住有趣的原因，那么你也永远不会忘记真正的原因。

目录

第一章　我们不贩卖空气

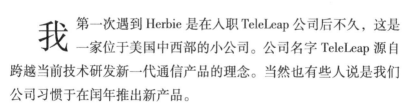

我们的男主人公（作者）发现他的新同事在产品设计需求中撰写了一些工程传说。你是否应该测试实际的产品温度，或者是产品出口处的空气温度？

经验：所有热问题的核心是元器件结温。

我第一次遇到 Herbie 是在入职 TeleLeap 公司后不久，这是一家位于美国中西部的小公司。公司名字 TeleLeap 源自跨越当前技术研发新一代通信产品的理念。当然也有些人说是我们公司习惯于在闰年推出新产品。

从熟悉公司洗手间位置到能胜任一大堆工作之间的那段时间是非常不适应的。你对承担的第一个工作任务的处理方式为以后的其他工作奠定了一个基调。无论是福是祸，第一个进入到我简陋办公室的人是 Herbie。

他说："你就是那个新来的散热大师。"然后一下子坐在了那张扶手破碎的椅子上。"你认为自己是这方面的专家吗？"

我笑得有些苍白。差不多有几个关于散热设计的双关语，而且在这两三天内我都听到了。

"就是这样，"我边说边耸了耸肩，"我被要求成为公司的散热专家。"

Herbie 点了点头。"作为一个专家你能做什么？"

"我真的还不是很清楚，我正在回顾这些传热学书籍。"

"哇哦，我从来都没看到过任何人在工作中使用教科书。你肯定是一个散热大师。"

我问："你是不是有些散热问题要问我？"

Herbie 跳到白板前，并且拔去了一个难闻的绿色记号笔的盖子。"这是一个小容器。看，我们将这个系统称为 Crosser。"他画了一个盒子，并且在内部画了四条竖直的线。

我模棱两可地说："行。"

"这个 Crosser 系统已经完成测试，并且出货也有 9 个月了，但现在我们想这么进行……"他在原有的基础上又画了四条线，说："我们想在系统内增加一倍的板卡。"

我问："你们准备将它命名为 Double Crosser 吗？"

Herbie 对于这个建议不耐烦地摆了摆手，就如同这个建议是只恼人的蚊子。"很明显在相同的空间内热量翻倍，问题是它能不能工作？或者说能不能正常工作？"

我站了起来，并且仔细看着白板上的问题。从改进的角度看，它也无非是一个具有 8 条线的盒子。"或许你应该把真实的情况告诉我。"

Herbie 盖上了记号笔，并且把我带到了实验室。

TeleLeap 和其他通信公司非常相像。一条沉闷混乱的走廊、打印机，以及一个一个小隔间内忙于相互进行电话留言的人们。还有一些看不到的地方，所有的这些构成了一个通信公司。TeleLeap 通过产品赚了大把的钞票，但 99.9% 的人不知道这家公司的存在。

例如，我们出售大量的回声消除器。如果不应用我们的产品，卫星电话经常会出现恼人的回声。没有人会认为打一个电话需要涉及数千万美元的设备，但实际情况确实需要。

电话公司另一个让人无法想象的问题是为了节省话费，他们经常在一根电线上复用几路不同的电话通话。在你想说"不"和"谢谢"的时候，其他人已经挂断电话推销员的电话了。采用不兼容的方法可以做到这一点，就如同 T1 和 DS3 [⊖]就是不同的。当电话公司需要将这些不同的线路进行相互连接，并且还要让它们不出错，所以 TeleLeap 销售 Crosser 这类数据交叉互联系统给到他们。

这就意味着 TeleLeap 内部有大量的工程师，包括软件编译者、硬件研发和少数结构工程师。硬件研发工程师在触发电路和锁相回路方面天赋异秉，但对于电子高温的危害知之甚少。他们认为有人会帮助他们进行散热，就如同房东打电话叫水管工上门清理污水管一样。TeleLeap 毕竟不是一个大公司，它不需要许多像我一样的散热清理专家。此外，在北美像我这样具有这一领域工作经历、教育背景和符合工作要求的人并不多。

沿着走廊就到了实验室。没有测试管、没有冒泡的液体或者旋转的磁带。只是一间普通的办公室房间，里面摆放了一些工作椅和一排 6ft [⊜]高且塞满了 PCB 的机架。如图 1-1 所示。

Herbie 突然指着一个机架，就如同《The Price Is Right》[⊜]中一个模特指着一盒 Rice-a-Roni（一种包含米饭、粉丝、面食和调味料的食品）。他说："这是一个有 96 个槽位的 Crosser，它能

⊖ T1 和 DS3 分别为美国标准的数据传输链路和美国数据传输链路。——译者注

⊜ 1ft = 0.3048m，后同。

⊜ 一档类似国内购物街的价格竞猜节目。——译者注

图1-1　旁观者眼中的散热问题

够……"他的详细描述没有涉及公司的产品保密信息，当然主要原因是我对他说的专业术语一头雾水。他使用了大量的词汇，诸如兆赫、16 位、同轴电缆、时隙互换和帧中继，甚至中间可能掺杂解释了澳式足球的规则。我边笑边点头，同时看着机架前方大量不断闪亮的 LED 灯。

"……并且这些是最基本的，你还有什么想了解的?"他最后问到。

我用手放在一对板卡中间，用手指感受热空气的温度，并且一脸关切。我说："噢。"

"怎么样? 是不是太烫了?"Herbie 的声音有点颤抖。

你不能通过手来精确地测量物体的温度，但它似乎又是散热专家所能做的。我问："你这边有没有这个系统的热测试报告。"

Herbie 不断地点头，似乎要把头塞到板卡槽位中。"当然，有个家伙给过我一份，我确信一定能找到。他是一个非常好的人。当我们部门外出活动烤肉时，总是由他来烧烤。如果他烤肉不错，肯定也擅长散热。"

测试报告被放在一个旧柜子中。这份几页的报告包括了系统的图形和一个温度测量表格。我把它带回办公室进一步研究。

这份报告非常简洁，仿佛营造一种产品没有问题的感觉。我仔细阅读报告的字里行间，越来越发现问题严重。报告结论是，Crosser系统满足产品定义文档中关于温度的要求。我又查看了产品定义，其中涉及了公司标准，其实就是行业标准。在经过一天的努力之后，我想我找到了问题所在。这为以后的工作开创了先河，因为这不是Herbie最初提出的问题。

我试图了解TeleLeap是否像我之前工作过的其他公司。我没有发现大量的错误，抑或是某个元件的温度过高。我所发现的是TeleLeap在进行热测试时的一个根本性错误，这个错误被写在它们的工程标准中。我忍着没有将这个问题告诉任何人——我的性格是一个无所不知的大嘴先生——但公司会有什么反应？他们是否会认同我的观点？我想最好的方式是先看看Herbie的反应。

我说："看起来我们对Double Crosser项目要进行更多的工作。"

Herbie回答："'我们'是什么意思？"我后来才发现他其实是不喜欢"更多工作"这个词汇。

"原因是你基于假设初始Crosser没有任何热的问题，进而想了解Double Crosser的工作状况。"

"'假设'是什么意思？我们知道Crosser是没有问题的，你手里有测试报告。"

"是的，但是这份报告中也有很多假设啊！"

"我不认为烤肉大师会做任何假设，更不要说在报告中了。他只是遵从标准进行测试。"

"确实是。标准中：通过系统的空气温升必须小于20℃。那就是问题所在。你在系统入口和出口格栅处测量空气温度，如果空气温差小于 20℃，你就认为系统的散热没问题。"

Herbie 耸了耸肩说："那有什么错吗？我们这么干好多年了。这难道不合理吗？别忘了，这是一个空气散热系统。空气进入系统，带着热量并离开。PCB 越热，出来的空气温度越高。"

"让我们回顾一下基本目标。为什么我们关心系统变得多热？"

Herbie 犹豫了一下说："如果一个元器件变热会烧坏，或者是停止工作。甚至 PCB 可能着火。"

我说："不错，但不要忘了可靠性。即便元器件没有烧坏，如果温度过高，它也可能在短时间内失效。我指的短时间是在系统保修期到期之前。"

"哦，不要开玩笑！电话公司的那帮家伙非常关注可靠性。他们的反应是如果你不能打电话，你就可能死了或其他什么。"

"像 911？"

"嗯，是的。"

"所以为了可靠性我们需要保持低的温度。但什么温度需要比较低？空气温度？谁会关心空气得到了多少热量？我们又不贩卖空气，我们销售的是通信系统。可靠性是基于元器件的结点温度。结点是元器件的核心，你知道通常是硅芯片。我不认为测量系统出口处的温度是测量元器件结点温度的好方法。"

Herbie 皱了皱眉，说："我还是不太明白，如果所有的元器件过热，难道系统出口处的空气温度会低于所有元器件正常时的空气温度吗？"

"如果所有的元器件工作在相同温度，确实是这样。但我们知道在 PCB 上很多元器件温度正常，少数几个元器件很热，因为它们是一直工作的。当你测量系统出口空气温度，你多多少少会把这些元器件的温度平均。试着比较一下：假设你在医生办公室，并且你由于得了疟疾而高烧，但其他所有人都是正常的，他们今天过来只是拿尼古丁贴片处方。医生非常忙碌，不想看所有的表格数据，所以小护士用温度计量了一下办公室温度。她根据经验说：'只要平均温度不超过75℉（约23.9℃），每一个人都没问题。你不需要带阿司匹林就可以回家了。'"

Herbie 说："我恨透了这些卫生维护组织！"

"现在，假设你是 Crosser 系统中 PCB 上的一个元器件。你正在工作，产生3W 的发热量，你周围所有的其他元器件只产生0.1W 的发热量。你是否想让我说基于其他小元器件的温度，你的温度也是没问题？"

"不，等等，我不想死！我意思是等等，我想我明白你的意思了。只是测量空气温度，我们可能会遗漏一些局部热点。"

"并且一个元器件的失效可能会引起整个 PCB，甚至整个系统的失效。"

Herbie 的表情就如同他的三明治掉在地上，花生酱洒了一地。"哦哦，看上去我们有更多工作要做。"

我略带怀疑地摇了摇头。"你了解情况了？你要改变标准中温度限制是基于元器件温度而不是空气温度？就那样？"

"好的，难道你不是一个散热大师吗？"Herbie 说的时候没正眼看我。

Herbie 的反应证明 TeleLeap 公司文化开明。这里的人（我慷慨地把管理层也包括在内）似乎真诚地乐意听到关于他们所正在犯的错误，并且感兴趣如何去改正（尽管更多的人倾向于听到其他人的犯错故事）。

Herbie 对此的解释是："放松，伙计，就是一个散热问题。他没有你谈到的足球或者天气来的重要。"

我经常对普遍掩饰某个人错误感到奇怪，特别是在科学和技术领域。散热方面没有类似《Hard Lessons Learned》的杂志，我为此蒙羞。我们可以从成功项目中学到很多新发现和经验，同样我们也可以从其他人的错误中有所收获。不要嘲笑或者感到优越，而这节省了我们的时间和精力。此外，它也可以非常有趣。你更愿意看哪一个：一部关于金门大桥为何建造得如此之好的纪录片，或者"Gallopin' Gertie" Tacoma Narrows Bridge[⊖]的电影。

　　在电子冷却领域没有太多错误的一个主要原因是，许多从事这一工作的人没有任何正式的培训，并且他们成为世界各地实验室内技术传说和迷信的牺牲品。系统空气20℃温升就是其中广泛流传的一个谬误。

　　这本书中其他内容也是如同这个在 TeleLeap 公司内发生的真实轶事。从错误中学习是核心的主旨，同时也有少量的传热学理论夹杂其中。尽管我谈论的传热学理论是正确的，并且故事是源自实际工作，出于各种不同的原因我对很多细节进行了小说化。例如，Herbie 实际处于更高的领导级别，以及我塑造的同伴和同事。此外，TeleLeap 公司正在进行心灵感应通信的研究，当然它离我所描绘的状态还差很远。似乎有时候我们只能通过巧妙的语言来揭示真相。

　　⊖　塔科马海峡吊桥是位于美国华盛顿州塔科马的两条悬索桥。——译者注

第二章　每一个温度都是一个故事

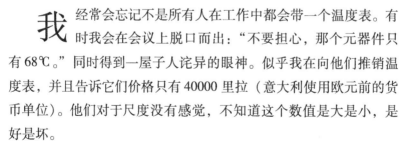

一个电阻烧掉时有多热？是否高于或低于焊锡的熔点？实验室中总是传说元器件烧毁或焊锡熔化，但实际它们有多热？冰激凌的理想保存温度是多少？

经验：在温度标尺上做些标识。

我经常会忘记不是所有人在工作中都会带一个温度表。有时我会在会议上脱口而出："不要担心，那个元器件只有68℃。"同时得到一屋子人诧异的眼神。似乎我在向他们推销温度表，并且告诉它们价格只有40000里拉（意大利使用欧元前的货币单位）。他们对于尺度没有感觉，不知道这个数值是大是小，是好是坏。

因为没有将英制单位转换为米制单位，我对电视天气预报没有任何好感。Herbie责怪我使用没有人熟悉的摄氏度温度单位。我的同事也不熟悉温度领域，所以我给他们绘制了一张图（见图2-1），并且发送给公司内的每一位同事，采用路标的形式会让他们更熟悉温度。

990°F	530℃	铁开始发红
450°F	230℃	比萨炉内空气温度
400°F	200℃	这个范围锡会熔化
302°F	150℃	大多数IC的最大结温限制
257°F	125℃	最优设计中大多数IC的最大结温限值
221°F	105℃	普通PCB最大使用温度
212°F	100℃	沸水温度
203°F	95℃	ZENO定制芯片的外壳温度限值
190°F	88℃	Motorola 68EC040处理器的外壳温度限值
185°F	85℃	Intel 386处理器的外壳温度限值
176°F	80℃	桑拿房的空气温度
158°F	70℃	很多商业元器件的最大环境温度
149°F	65℃	室外电话亭内的最大环境温度
140°F	60℃	金属开始灼伤手指的温度
136°F	58℃	有记录的最高环境温度,EL Azizia,Libya,1922
120°F	50℃	NEBS关于电话中心的最大环境温度
100°F	38℃	通常TeleLeap公司夏天树荫下的温度
99°F	37℃	人体温度
90°F	32℃	非常难受的室内温度
70°F	21℃	舒适的室内温度
32°F	0℃	水冻结
23°F	−5℃	NEBS关于电话中心的最小环境温度
3°F	−16℃	通常的冰激凌温度
−13°F	−25℃	冰激凌的保存温度
−40°F	−40℃	室外通信设备的最低温度
−129°F	−89℃	有记录的最高低环境温度,Vostok，Antarctica
−321°F	−196℃	液氮沸点
−460°F	−273℃	绝对零度

图 2-1　温度标尺上的标识

温度标尺参考点的意义

530℃——Herbie 说看到他板子上的元器件"烧红了"。想象一下这个场景。塑料在烧红之前熔化，类似于铁等金属在 500℃ 之前不会发红。如果你看到板子上有东西发红，应呼叫 911 而不是你的热工程师。

230℃——比萨炉的空气温度。面团、酱汁、奶酪、香肠通过 20min 共同产生了一个生活必需品。

200℃——这个范围锡会熔化。数以亿计的物体都有各自的熔点。这个温度接近我们温度标尺的顶部，所以在元器件自己拆焊之前肯定会有很多不好的事情发生。

150℃/125℃——Altera 公司说他们的可编程逻辑器件的最大结温是 150℃。在 151℃ 它们可能"嗖"的一声"烧掉"。Tele-Leap 的良好设计准则说："行，或许，但我们仅仅信任你最高 125℃。"

105℃——所有在 TeleLeap 产品中使用的 PCB 必须由 UL 认证的供应商生产。UL 规定了 PCB 的最大工作温度。如果我们使用 PCB 超过了它的额定值，那它就无法通过 UL 认证。如果 PCB 变得很热，它会又软又歪，并且无法维持走线之间安全的距离。普通的板子由称为 FR4 的玻璃纤维和环氧树脂构成，根据结构的不同其额定温度在 105 ~ 130℃ 之间。特殊和昂贵材料会使板子的耐温温度更高。

100℃——水蒸发。现在很少有人知道如何去烧水，沸点的意义也不那么大了。

95℃——ZENO 定制芯片的外壳温度限制。如果外壳温度（封装元器件顶面的温度）超过限值，元器件说明书中注明不能保证它合适的工作。实际上这比说明书规定元器件结温更有用，因为在工作中很容易进行测试。这只是元器件温度限值的一个例子。其他的元器件可能或高或低，但这一例子基本正确。

88℃/85℃——作为对比，我罗列了 Motorola 68EC040 和 Intel 386 处理器的外壳温度限值。每一个元器件供应商都有一个不同的方法来描述元器件的限值。许多人给出了并没有太多意义的元器件温度限值。此外，每一个元器件是不同的——某些奔腾处理器的外壳温度限值只有 70℃。

80℃——桑拿房中的空气温度。桑拿房中的湿度非常低，大约为 5%，所以你可以通过出汗来维持你的体温（37℃）。否则 80℃的空气温度几分钟就可以致人死亡。

70℃——这是传说中对于商用元器件的最大环境温度。参考本书第十三章，错误数据解释了为什么这个值是没有用的。

65℃——通信行业室外设备的标准要求设备内部的空气温度不超过 65℃，无论是否具有太阳辐射、热浪还是核试验。

60℃——如果你必须接触一个此温度的金属表面，那么你的皮肤会烫个水泡。导热差的木头或塑料会更安全一些，因为它们不会很快地将热量传递到你的皮肤。它们需要高个 10~20℃ 才会灼伤你。

58℃——Libya El Azizia 全球的最高温气温记录。

50℃——如果你计划从事通信行业，应了解这一温度。根据 NEBS 工业标准这是数据中心的最大环境温度。参考 Herbie 的作业帮手获取完整的信息。

38℃——谚语"树荫下 100℃的空气温度"，如果你着正装出席室外婚礼，这个是强制的美国中西部空气温度。

37℃——人体内部的温度。这类似于你的结温，当你是小孩的时候，你母亲通过你身体某个部位的温度来推测你的结点温度。

32℃——一个让人浑身臭汗的室内温度。

21℃——一个舒适的室内温度。通常，我的办公室保持在16℃，并且我不得不在夏天穿一件运动衫，即便室外温度是32℃。

0℃——水的冰点。我提醒Herbie一个50/50的配比防冻液将会在两倍寒冷的情况下冰冻。一个星期后，他已经了解我的意思。

-5℃——工业标准中电话中心设置的最低温度。在我看来，一栋充满运行设备的建筑几乎不会感到寒冷。

-16℃——通常冰激凌的温度。冰激凌没有一个确定的熔点，因为它是由多种物质组成的。

-25℃——如果以低于这个温度保存冰激凌，它就不会融化，并且可以长久保存。可惜的是，你家里的电冰箱可能无法达到这个温度。

-40℃——这是一个室外设备的最低空气温度。**这也是唯一华氏度和摄氏度相同的值。**

-89℃——Antarctic Vostok全球的最低温气温记录。

-196℃——液氮沸点。在网上有一种用液氮制作速溶冰激凌的配方。太棒了。

-273℃——绝对零度。如果我们能在实验室中达到这个温度，地狱将会冰封，Cubs（美国职棒大联盟的芝加哥小熊队）将会赢得最终的冠军。

应了解这些刻度、这些标识和这些参考点。如果你把这张图带到比萨店，当你狼吞虎咽涂有冰激凌的比萨时，你会更了解这张图。由于比萨引起的你上嘴唇Ⅱ度烧伤和冷饮头疼症会让你对于这个温度标尺印象深刻。当你告诉你的朋友看到一个电子元器件（除了LED之外）发光时，再也不会感到尴尬了。

如果你的脑海中还没有摄氏度的概念，请记住这个转换公式：

$$℉ = (9/5)℃ + 32 \qquad (2\text{-}1)$$

第三章　环境控制不是那么容易

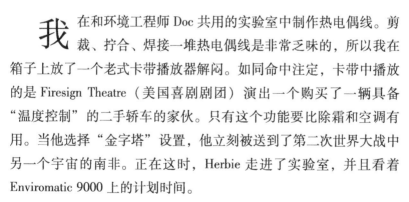

Herbie 了解到除非产品最终在恒温箱内工作，
否则恒温箱内进行产品测试并不好。

经验：自然与强迫对流，热失效。

$\quad$ 我 在和环境工程师 Doc 共用的实验室中制作热电偶线。剪
裁、拧合、焊接一堆热电偶线是非常乏味的，所以我在
箱子上放了一个老式卡带播放器解闷。如同命中注定，卡带中播放
的是 Firesign Theatre（美国喜剧剧团）演出一个购买了一辆具备
"温度控制"的二手轿车的家伙。只有这个功能要比除霜和空调有
用。当他选择"金字塔"设置，他立刻被送到了第二次世界大战中
另一个宇宙的南非。正在这时，Herbie 走进了实验室，并且看着
Enviromatic 9000 上的计划时间。

我说："对不起，Doc 不在这里。"

Herbie 决定等她。他说："我有些关于在 Enviromatic 9000 中的
测试问题要问你。你认为我们应该预留多少余量。"

"余量?"我问。

"在我的部门中，我们有这种传统的测试。我们一直这么做，除非我找到一份关于明确如何或为什么做的文档。因为没有书面写下来的东西，当你的电路板没有通过测试，你开始争论你应该有多少余量。在你的眼中多少余量是足够的?"

"告诉我测试结果。"我说。

"假设 Crosser II 的所有电路板最高工作温度为 50℃，所以我们在 70℃ 的温箱中使其工作 24h。如果它们运行没问题，那么我们就有 20℃ 的余量。但有时电路板会在 68℃ 或 65℃ 时失效。之后争论就起来了。因为它最多只能够达到 50℃，现在它一直工作到 65℃，这难道还不够好? 这些余量还不够吗?"

我故作沉思，并且示意 Herbie 保持安静。Firesign Theatre 完成了他们对于《God Bless America》（是博卡·格德斯维特指导的一部美国电影）的恶搞。之后我关掉了录音机，笑着说:"你在这里的 Enviromatic 9000 环境测试箱中进行测试?"

他说:"是的，或者有时会在我们实验室的小一号的环境测试温箱中。"

这个 Enviromatic 9000 是一个房间大小具有三个绝热壁面和一个大门的金属盒子，类似于一个冷藏柜（见图 3-1）。它具有制冷和加热线圈，以及一个蒸汽喷射系统，它可以产生温度从 -65 ~ 150℃，湿度从 0 ~ 100% 的空气。它是一个相当标准的测试设备，在任何大的电子公司内都可以找到它的身影，特别是那些为军方做事的公司。

我问:"所有的这些电路板都是自然对流冷却?"

"它们都是对流冷却。"

我的表情如同在我们二年级时 Kratch 夫人看到我们说"unbrella"而不是"umbrella"。我解释说:"对流是一个一般性的词汇，就如同品质"。当 SchlockMart 宣称他们出售高质量产品，没有意

图 3-1 设置"金字塔"选项的 Enviromatic 9000 环境测试温箱

义，因为他们不会解释什么是高质量或者什么是低质量。对流意味着热量进入流动的流体，类似于空气。如果空气流动是由于风扇驱使的，那么这称为强迫对流。自然对流是由于空气自身的温差引起的。类似于烙铁等高温物体，加热了物体周边的空气。热空气上升，而周围的冷空气下降填充热空气的区域，并且这个物理现象不需要外力。将你的手放在这里，你可以感受到热空气上升。

"是的，"Herbie 说，"在 Crosser Ⅱ 中没有任何的风扇，所以应该是你所说的自然对流。"

我说："我猜想温度的余量多少真的不是重点。因为你的测试是错误的。甚至比没有测试更糟糕。"

"错误的？你怎么从来都不回答我的问题？"Herbie 说，同时看着地板，之后是天花板。"行，为什么我们的测试如此糟糕？我想你会对于我们正在测试的各类温度余量的板子印象深刻。"

我焊完了最后一根热电偶的圆头。"之后在测试的电源板上，我们可以做个小验证。"在 Herbie 的帮助下，我将热电偶线连到电源板的二极管上，电源板固定在测试夹具上，最后将整个夹具推入 Enviromatic 9000 中。对电源加载预设的负载曲线，使板子上的元器件工作在最恶劣的条件下。温箱通过程序设置保持空气温度稳定在 50℃。1h 之后，温箱的面板显示内部温度为 50℃，而我的热电偶读数显示二极管温度为 71℃。

我说："这个结果看上去非常好，电源工程师 Sam 告诉我二极管的工作极限是 95℃，如果超过工作极限它就会开始出现热问题。所以看上去我们有 24℃ 的安全余量。当我这么做的时候看看会发生什么情况。"

我按了 Enviromatic 9000 上的 OFF 按钮。因为温箱风扇和压缩机停止工作，所以实验室突然安静了下来。由于温箱良好的绝热，所以内部的空气温度保持 50℃，但二极管的温度开始不断上升。我们看到温箱 LED 显示屏上的温度上升到 75℃，之后 80℃ 甚至更高。

Herbie 问："发生了什么情况？电源温度怎么会不断升高？你关闭温箱之后电源温度上升到最大值。"

我说："包括你实验室中的小温箱在内，温箱的设计目标是使其内部尽快达到设定的温度，并且一直稳定地保持这个温度。最为常见的方法是温箱内有一个强劲的风扇驱使空气通过一对相邻的加热和冷却线圈。当空气温度升高，冷却线圈开始工作。如果空气温度降低，则加热线圈启动。风扇始终恒定工作，保证温箱内部空气循环和充分混合。线圈工作时如果没有风扇配合运行，线圈会损坏。所以唯一让空气停止流动的方法是关闭所有线圈和风扇，当然你也不能保证设定的温度了。风扇也无法营造缓慢流动的空气。它足以将你为重要演讲而贴在办公桌上的便笺纸吹起来（参考图 3-2 中的空气流速）。"

Herbie 说："所以当温箱开启，风扇吹着电源。正如同有一个风扇在冷却电源。之后当你关闭温箱，也就是关闭风扇，电源的温

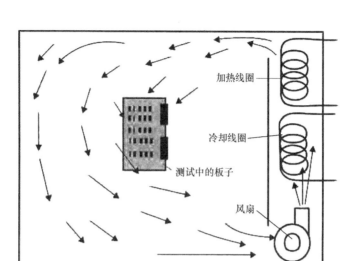

加热线圈

冷却线圈

测试中的板子

风扇

图 3-2　Enviromatic 9000 环境测试温箱
在创建自然对流环境时并不好

度开始升高，此时就是客户正常使用电源的情况，整个系统中没有任何的风扇。这两者有多大的差异?"

二极管的温度上升至 89℃。我说:"你已经知道原因了。这个取决于很多因素，诸如内部空气流速的大小，通常情况下强迫对流的换热效率是自然对流的 10～100 倍。所以很难说你设计了一个 50℃ 自然对流的产品，当具有风扇时它可以工作在更高的温度。这就是你测试错误的原因?"

Herbie 问:"什么时候二极管温度会停止升高?"

"我不知道。可能不久之后就会达到一个平衡，或者它会热失效。类似于二极管这类元器件，其自身特性会随温度发生变化。这类元器件会随着自身温度的升高而增加发热量。在某一个温度之后，二极管会越来越热，直至最后失效。"

几分钟之后，二极管温度上升到 97℃，然后就快速地上升到

108℃，最后是快速下降。测试夹具显示输出是 0V 和 0A。我说：
"热失效。"同时拿下了夹具上的电源。"我确信 Sam 会很高兴地看
到他的观点是正确的。"

Herbie 蜷缩在实验室的椅子上。"如果我们根据传统的热测试
方法进行电源测试？我们是否会发现热失效？"

"未必！"我说，"如果像我们现在在 Enviromatic 9000 中所做的
测试，二极管温度大约为 71℃。如果你将温箱设置为 70℃，二极
管的温度很有可能也增加 20℃，所以它是 91℃。这个温度不足以
引起热失效。所以你很有可能会同意这个电源进线生产，认为它有
20℃的安全余量。但当有人将它在 50℃温度下满负荷运行，它很有
可能就损坏了。"

Herbie 将头靠在实验室椅子上，"所以现在我们该怎么办？是
否我们应该在 80℃或 90℃下测试所有的板子？温箱中我们需要多
少的余量才能保证自然对流 50℃下元器件没问题？"

我叹了口气。我希望我们有 Firesigh Theatre 中的气候控制，并
且可以设置为"陆上自然对流"但世上没有这类温箱。所以我说：
"别胡思乱想了，尝试更接近客户使用产品的方式进行测试，不要
在有风扇的温箱中进行自然对流散热系统的测试。这些测试温箱无
法很好地创建自然对流的环境。并且，我想我们应该坐下来，把这
些东西写成一个正规的测试文档或者流程等。"

Herbie 说："或者至少有点提示，我们应该为每一个 Crosser Ⅱ
提供一个 Enviromatic 9000，以便客户可以将 Crosser Ⅱ 放在其中。
至少我们知道 Crosser Ⅱ 可以在其中很好地工作。"

第四章　金刚石是 GAL 的挚友

通过阅读有关描述环氧树脂热性能的文章可知，它的热性能要比普通环氧树脂好 50%，但从热传导的角度而言，它还是一个绝热体。

经验：热导率。

Herbie 沾沾自喜地在我的杂志上放置了一个小药水瓶，要知道这本电子与封装杂志中的内容是我期待已久的铝挤散热器表面处理。

他说："我刚才看到 Chro-Sink-Temp 公司的销售代表，我说服他给了我这种材料的样品。它会让我们解决恼人的 Satan 芯片高温问题。"

我问："你是怎么说服他请你吃午餐的？"

Herbie 愤怒地打着嗝。"嗨，我们在午餐时谈论这种材料！工作类型的材料。不管怎么样，我在餐后甜点上来的时候告诉他 Satan 的散热问题。他估算了一下我们的用量，并且非常幸运的是他的皮包中正好有一个样品可以供我们试用。"

Satan 是一些受控于亚利桑那州的保密项目中使用的自定义芯

片名称。由于追求极致的小型化（感谢 Irwin Allen），有可能将所有的电路板塞进一个假指甲盖大小的封装中。所有的这些芯片电极在 666MHz 下进行开关，产生至少 5W 的发热量。Herbie 和我努力寻找一种在 Satan 上安装散热器的方法。似乎没有足够的空间来容纳一个散掉 5W 热量的散热器。

Herbie 继续说："这个材料称为高热导率树脂。当然，它需要 24h 进行固化，并且它的保存期限只有 5 天，而且有可能造成手臂和肾脏的伤害，但这个销售代表说它的热导率要比我们目前使用的散热器硅脂高 68%。你知道它是如何做到的吗？银！环氧树脂中添加了银粉。这也是它价格昂贵的原因。"

我走到白板前并且擦掉了公牛和尼克斯（美国男子职业篮球联赛即 NBA 的两支球队）对位防守能力的分析表格。"让我们看一下这个含银材料的好处。把材料说明书给我。"

"这是一个固体通过热量的计算公式。Q 是热量，t 是含银材料的厚度，A 散热器和材料的接触面积，并且 k 是材料的热导率。ΔT 是材料两侧的温差（见图 4-1）。"

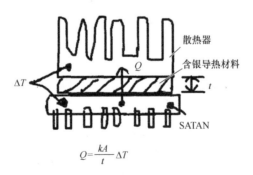

$$Q = \frac{kA}{t}\Delta T$$

图 4-1　Satan 和散热器之间的瓶颈

Herbie 说："我明白其中的道理。材料越厚，对于热量而言越难穿过。如果散热器和材料的接触面越大，热量传递越容易。材料

热导率越高, 两侧的温差越小, 太棒了。我们希望温差尽可能小,
所以元器件温度会下降。"

我说: "OK, 让我们看一下之前所用的普通材料和你的高性能
材料之间的差异。"

	普通材料	高性能材料
Q	5W	5W
t	0.005in⊖	0.005in
A	0.28in^2	0.28in^2
k	0.0168W/in/℃	0.0282W/in/℃
ΔT	5.3℃	3.2℃

我猛地给记号笔盖上盖子, 并且说: "银确实有帮助。"

Herbie 说: "是的, 但仅仅有 2℃ 的帮助, 我们希望的是温度
至少下降 35℃。"

Herbie 陷入了最常见的陷阱中, 寄希望于一些散热法宝来解决
他所有的热问题, 有点像虚构的每加仑 (USgal⊖) 汽油可以跑
200mile⊖的化油器。这类奇思幻想认为铝吸收热量就如同海绵吸
水, 并且使它消失, 同时泡沫聚乙烯是一种奇迹, 因为它可以保持
物体的温度。你可能听说过一些神奇的法宝, 但非常好奇为什么它
们没有工程应用: 高热导率的环氧树脂、热管、热电制冷器、气动
涡流式制冷机、压电振动风扇、液态氮喷雾枪、强化热辐射的特别
涂层和液态碳氟化物。所有的这些事物确实存在, 但是它们没有一

⊖ 1in = 0.0254m, 后同。

⊖ 1USgal = 3.78541dm^3, 后同。

⊖ 1mile = 1609.344m, 后同。

个是免费的。你可以使用一种新材料或一种花式小玩意将热量从一个地方转移至另一个地方，但最后你还是不得不将元器件的热量传递至周围环境中，并且在给定的温差情况下只能散掉这些热量。

对于 Satan 而言，核心的问题是如何将芯片的热量传递至周围环境中。最直接的方式是通过安装散热器来增加表面积。如果我们不能在可用的空间内安装一个简单的散热器，就如同我们无法在那里安装一个散热法宝。

如果我给 Herbie 看表 4-1，他会对他的含银环氧树脂更加的失望。Chro-Sink-Temp 公司不应该称呼它们的产品为高热导率环氧树脂，而可以称为低绝热环氧树脂。就如同 Herbie 和我争论我们两个谁的薪水更接近比尔·盖茨。当然，我们两个人中有一个人赚钱更多，但我不认为比尔·盖茨会关注我们中的一个人薪水正在逼近他。比较一下表 4-1 中的材料。

表 4-1　不同材料的热导率

材　料	热导率/（W/in/℃）
空气（不移动）	0.00076
尼龙	0.00635
散热器硅脂	0.0168
砖	0.0175
玻璃	0.02
Herbie 的硅脂	0.0282
氧化铝	0.7
钢	1.7
硅	2.5
黄铜	3.05
铝	5.5
金	7.4
铜	10.0
银	10.6
金刚石	16.0

此时你会注意到空气不是热的良导体。这也是为什么你希望散热器和元器件之间能良好接触。它们之间有一层玻璃的传热会比是空气好 23 倍。

另一件明显的事情是，散热器硅脂和 Herbie 的硅脂都属于人们所谓的绝热材料范畴。直到你注意到表 4-1 中的氧化铝才开始意识到这种材料是热的良导体而不是绝热材料。这也就是为什么导热环氧树脂对我而言就是一种矛盾修饰法。

表格的最后是一种散热的法宝，我们的散热大师已经苦寻多年。这是一种不幸的巧合，绝大多数热的良导体也是电的良导体，就如同铝和铜。很多时候这都不是问题，但在一些重要的应用中我们希望材料具有良好的传热性能，但又具有电绝缘。

举个例子，GAL（Gate Array Logic，逻辑门阵列）内部的芯片与元器件外部尺寸相比小很多（见图 4-2）。芯片就是二极管和晶

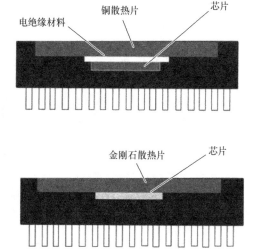

图 4-2　芯片直接焊接到不会短路的金刚石散热片

体管所在的地方，也是热量产生的区域。塑料封装不能很好地传递热量，由此芯片会变得很热。当出现这种情况时，厂家可能会在元器件中放置一个散热片。芯片直接焊接到这个由铝或铜板上。为了避免电路的短路，不得不在芯片和散热片之间放置一块电绝缘材料，某种程度上这种电绝缘材料阻止了热量传递至外壳。

金刚石具有我们想要的特性。它是优良的热导体，也具有电绝缘性。它具有很好的耐久性，并且可以承受极端的高温。如果你有一个纯金刚石的散热器，你可以在它表面蚀刻任何电路，并且热量会从元器件中溢出，就如同放屁时坐垫受压之后发出的有趣声音。我们期待某个人发明由金刚石制作的电路板。

目前实现这一散热法宝还存在一些技术的难题。你通过 Hope Diamond（全球最大、重 45.52 克拉$^{\ominus}$的深蓝色钻石）只能做 20 个或 30 个金刚石散热片，然后呢？准备打英国女王王冠装饰的主意吗？

事情并没有那么糟糕。物理和化学家再次开始进行营救。这些穿着白色外套的家伙已经知道如何通过气相淀积制成人工金刚石薄膜。对于高热耗的应用，他们已经在金刚石薄膜基板上建立电路的模型。不久之后的某天你将看到 DeBeers（著名钻石贸易商）涉及集成电路领域。我们的电路板将具有纯金的连接器和钻石镶嵌的元器件，并且市场的反馈是我们不可以在系统中增加一个风扇，因为那样实在是太不给力了。

Herbie 的热导率备忘录

Herbie 抱怨他总是对热导率一头雾水，特别是热导率的单位。

$\ominus$ 1 克拉 $= 2 \times 10^{-4}$ kg，后同。

为什么它的单位是 W/m/℃ 或 Btu[○]/h/ft/℉？为什么它们是如此的复杂？在大学中你了解到热传导就如同导线中的电流流动。除了电阻，你通常会谈论热阻，而不是热导率。并且热阻更为简单，通常单位为 Ω（欧姆），不是库仑/两周/里格[○]。

所以我给 Herbie 讲了一个住在 Fourier 海上小岛的焦耳猴故事。这些猴不会游泳，并且它们讨厌拥挤地住在一起。它们总是尝试扩大与其他猴子的生活空间。无论什么时候，只要它们发现有机会到不那么拥挤的地方，它们就会奋不顾身地为之奋斗。拥挤的程度差异越大，它们就会越快地到达那里。你甚至可以撰写一个数学关系式，它可以说明焦耳猴的速度几乎是线性的：

$$\frac{\text{焦耳猴}}{\text{时间}} \propto (\text{拥挤程度 1} - \text{拥挤程度 2}) \qquad (4\text{-}1)$$

有时，一棵棕榈树由于猴子尝试逃离拥挤的海滩而变得头重脚轻而折断，从而在两个岛之间形成了一座桥。这时候在相邻岛上每英亩（acre[○]）的猴子屈指可数（如果你定义拥挤程度为猴子数量除以可用的猴子生活面积）。焦耳猴奔跑着穿过倒下的大树，去享受相对宽裕的生活空间。

猴子穿过大树有多快？知道猴子对于拥挤的厌恶程度，我们可以写一个猴子穿过效率的公式。首先，猴子不断地避免拥挤，甚至在穿过大树的时候（不像人类会在通过大门时相互堵塞）。所以树木越宽，同一时间会有更多的猴子可以穿过。如果桥上比它们所在的岛上更拥挤，它们不会在桥上（见图4-3）。

$$\frac{\text{焦耳猴}}{\text{时间}} \propto \text{宽度} \qquad (4\text{-}2)$$

○ 1Btu = 1055.06J，后同。

○ 里格，长度单位，1 里格 ≈ 4828.032m，后同。——译者注

○ 1acre = 4046.856m^2，后同。

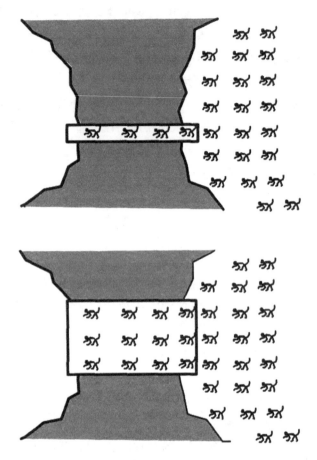

图4-3　桥越宽每秒通过的焦耳猴越多

我们知道如果两个点之间的拥挤程度差异越大，猴子会跑得更快。如果拥挤地方和宽裕地方的距离越短，猴子们会跑得更快。所以树越高，猴子穿过的速度越慢。这是因为两个地方之间的距离越短，对于每个猴子来说越容易感觉到拥挤程度的差异。

$$\frac{焦耳猴}{时间} \propto \frac{1}{长度} \qquad (4\text{-}3)$$

关于树的第三件事情是猴子可以如何轻松地站稳脚跟。可能会有刺或者很滑，这都会影响它们的穿过速度。猴子给所有树打的分称为热导率（缩写为 k）。这个数值越高，猴子越容易穿过。

$$\frac{\text{焦耳猴}}{\text{时间}} \propto \text{热导率} \qquad (4\text{-}4)$$

把这些公式放在一起可以得到猴子转移的完整公式，即

$$\frac{\text{焦耳猴}}{\text{时间}} = \frac{\text{热导率} \times \text{宽度}}{\text{长度}} \times (\text{拥挤程度} 1 - \text{拥挤程度} 2) \qquad (4\text{-}5)$$

这个公式表示了热传导是如何进行的，如果我们将猴子与物理联系起来。焦耳猴是热能的单位——我们称为焦耳（一个巧合）。一个像电气元器件的物体内焦耳越多，它的温度会越高。温度是我们对于物体内部焦耳热的感知。大体来说，一个具有 1J（焦耳）热量的大元器件温度要比一个具有 1J 热量的小元器件的温度低。热能或焦耳与猴子一样拥挤，所以它的趋势是从高温（拥挤）移动至低温（宽裕）。

让我们看一个倒下的铝条，连接我们的元器件与冷却空气（见图 4-4）。什么可以影响热量穿过铝条的速度？

热量穿过铝条的速度和猴子转移的速度类似，都取决于一些东西：温差（拥挤程度）、路径宽度（在这个例子中，热量穿过铝条的横截面积）和铝条的长度。像铝和金刚石是很好的热导体；像纸、数量和胶是热的不良导体。材料的导热性能越好，k（热导率）值就越高。所以对于热量穿过铝条而言，公式如下：

$$\frac{\text{焦耳猴}}{\text{时间}} = \frac{\text{热导率} \times \text{宽度}}{\text{长度}} \times (\text{温度} 1 - \text{温度} 2) \qquad (4\text{-}6)$$

如果你记得单位时间的能量是功率，并且 $1W = 1J/s$。我们更愿意讨论 W（瓦）而不是 J（焦耳），因为我们可以用热量来和元器件的热功率比较。对于热量我们采用 Q 来表示。如果你记住了厌恶拥挤的猴子，那么你和 Herbie 一样了解热传导：

$$Q = \frac{k \times A}{l} \times (T_1 - T_2) \qquad (4\text{-}7)$$

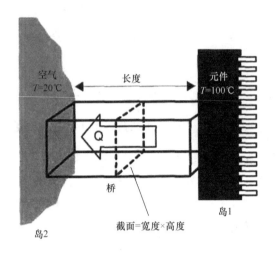

图 4-4　穿过桥梁的热量得到喘息的空间

如果你转换这个公式，可以得到为什么热导率的单位是 W/m/℃。

$$k = \frac{(Q \times l)}{A(T_1 - T_2)} \text{或} \ k = \frac{(W \times m)}{m^2(C_1 - C_2)} \text{或} \ W/m/℃ \qquad (4-8)$$

第五章 坚守底线

> 不要告诉 PCB 设计工程师,他设计的 PCB 热性能非常差。他会将此设计作为唯一的可行设计。
>
> 经验:介绍 CFD(计算流体动力学)。

6月,Herbie 来电话,说:"我们正处于 PTM 的最后设计阶段,并且正在向你寻求热设计要求的输入。"PTM 是应大客户要求的电话追逐模块(Phone Tag Module),它是我们之前重负载机器 PBX 系统的一个新研发的功能。你知道玩"电话追逐"有多烦人吗?得到一个语音消息,回拨并且留言,之后收到一个返回的消息,一遍又一遍。PTM 使整个过程自动化,即两个留言相互直接交流不会烦扰到你。你所有的电话都会及时回复,无论你是否得到它们,在某些商业中这就是关键点。

他说:"现在我们对于这个模块不是很了解。我仅仅想在设计指导文件中放置一些经验,以便设计师可以达到设计目标。"

我恨经验。它们就如同在沙滩上画线。只要你一画线,就有人想去踩在上面。但现在是 6 月,午餐时间的篮球比赛正在流行,所以我想出了一些经验法则。我问："这个 PTM 将进入到之前的 PBX 系统中吗？"

"是的。"

"现在系统中使用的最热板子的功耗是多少？"

"5W。"

"将它放在你的 DDD 中。PTM 不能超过 5W 的热功耗。从热的角度来看它是非常安全的，因为它不会比旧的板子糟糕，这就行了。"

Herbie 对于结果相当满意，直到 9 月的来临。

9 月，Herbie 在食堂抓住我。他问："如果 PTM 超过 5W 会是什么情况？我们确认增加了一些元器件，并且现在它超过 5W，有 6W、7W 或许 10W。"

我说："如果你喜欢，你可以去把材料清单和 PTM 布局拿到我的办公室，我们可以做一个详细的热仿真并预测元器件温度。"

Herbie 从我的水果沙拉中抓了一个葡萄，冲我摆了摆手说："不，不，不。没有那么复杂。就像刚才最后一个经验法则的另一个法则，我们可以记住一些简单的事情，但只是稍高了一些。5W 并不是一个绝对的限制，对吗？它也基于系统中是否拿掉其他板子。如果有很大的冗余，我们可能很容易就将 PTM 上升到 10W。"

"行，"我说，同时再也无法吃更多的午餐了。"在自然对流中功率密度是有一个经验的。用板子的总功率除以板子上下两个面积之和。如果这个数值小于 $0.1W/in^2$，你可以认为没有问题。"

Herbie 在他的手上写了 0.1 这个数，然后说："有了，我们会严格遵守这个限制，没有问题。"

10 月，Herbie 带了一份 PTM 的材料清单到我办公室。他问："0.12 怎么样？这比 $0.1W/in^2$ 就多了那么一点点。它还会在 0.12 情况下很好地工作吗？这个客户芯片温度比任何人的预计都要高。"

他给我展示了板子的元器件列表，以及对应的热功耗。

"看，Herbie"我说，"为什么你要反复问我这些热设计经验？你都没有遵守它们。经验是非常粗糙的，所以它们必须非常保守。如果你希望进行一个精确的优化设计，它们是不够的。这就如同使用 Cub Scouts（一种野外活动的训练方式）中所教的方法在芝加哥市中心寻找一个街道地址，它们说树林北面会生长苔藓和流水的方向为人类居住区。"

Herbie 说："所以我该怎么做？我不想走过去的老路——建立样机，然后看温度是否过高。在建立样机之前，我总是确信它可以正常工作。"

"我非常高兴听到你所说的这些话。90% 的问题都是这样。这是一个优秀设计工程师的乐趣。"我说，同时从计算机桌面上拽了一个东西，"现在这个就是我们应该做的。半年前我们老板慷慨解囊，所以我们买了一款名为 ThermaNator 的 CFD 分析程序。我一直在做很多的尝试，并且我认为我们可以使用它来预测元件温度。"

"CFD。我喜欢。听起来太棒了。什么是 CFD？"

我说："它是计算流体动力学。"

我开始解释 ThermaNator 是如何工作的。早在 20 世纪 60 年代，第一款用以求解极端复杂流体流动和传热的计算机程序诞生。博士们定义了问题，超级计算机进行求解。它是高性能和昂贵的，所以只有高预算和重要的项目才能承担得起——就像太空项目或高尔夫球表面设计。但现在汽车音响的计算能力要比阿波罗 11 号登月时更强，CFD 已经能在普通计算机上应用了。

该软件诞生以来已经有很长时间，现在软件具有非常良好的界面来定义问题。你所要做的就是在计算机上绘制 PCB 的图片并且用鼠标定义热源的位置、板子和元器件的材料属性以及通风孔的形状和位置等。这些都称为边界条件。如果有一个风扇，你定义它的流速作为边界条件。当你定义完这些参数，ThermaNator 将你绘制的三维空间划分为大量的小空间，对于这些空间或网格被设置了一系列能量平衡和质量平衡方程（记住质量和能量守恒?）。如果你设置的边界条件正确，程序会产生大量的方程和未知数，并通过高级的迭代法对之进行求解。首先是猜测一个求解，并且将求解插入到大量的方程中，并且与上次的求解的结果做对比。之后是调整求解并且再次进行这一过程。周而复始。直到第二天早上前后两次的求解足够接近，此时可以判断结果是否正确的。

结果是每一个网格内的空气流速和温度，其中空气流动可以通过一些箭头表示，而颜色显示了温度。如果我们知道元器件的位置和功耗，我们可以使用这个软件预测空气强迫冷却板子上元器件的温度。甚至可以计算通过经验公式难以解算的自然对流问题。

我在计算机上向 Herbie 展示了一张漂亮的彩色温度云图。这是一块我之前在实验室中制作的具有 10 个电阻的板子，仅仅是想看一下 ThermaNator 能否准确计算它的温度。"我首先建立了计算模型，之后在实验室中制作了这块测试板。计算的温度和实验测试在 ±5℃之内。"我自豪地说。"这要比其他任何方法都管用。把你的 PTM 布局给我，我用 ThermaNator 来跑一把。"

Herbie 嚼了嚼他的口香糖。"你确定不能给我一个简单的数? 0.15 如何? 问题是现在我没有任何的板子布局可以给你。原理图完成了差不多 90%，并且这是主要元器件的列表，但我还没有想好下一步怎么弄。"

我说："太棒了! 你看这样如何? 把你的元器件列表给我。我自己来设计布局，并且看看情况如何。如果我做了最恶劣的散热布局，元器件温度还是没问题，之后你就知道无论你怎么设计都不会有问题。如果我发现有些布局有问题，那么你后期设计中就可以规避。"

Herbie 耸了耸肩，而我开始了这个项目。

PTM 采用自然对流冷却，这就意味着空气由下至上的流通是由于元器件的热量。空气由下至上变得越来越热。所以设计的经验之一是为了保证元件的低温，将它们放在板子底部的边缘。设计的经验之二是发热的元器件尽可能远离。将这些经验颠倒过来，我想到了最恶劣的元器件布局。我将高热耗的元器件聚集在板子顶部边缘。

我让 ThermanNator 计算了整个晚上，它给到我如图 5-1 所示的元器件温度。

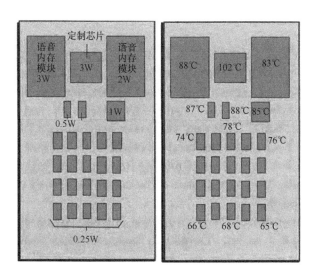

图 5-1　PTM 最恶劣的布局是所有高热耗元器件聚
集在板子上边缘，其中一些元器件太热了

不走运，最恶劣布局中的一些元器件非常热。供应商定义的语音内存模块最高允许温度为 85℃，并且位于内存模块之间的定制芯片应该在 100℃ 之下。所以，我遵从设计经验重新建立了一个优化布局，确保至少有一个布局设计能保证芯片正常工作。

ThermanNator 对图 5-2 中的布局也进行了分析，并且给出了改善的温度云图。

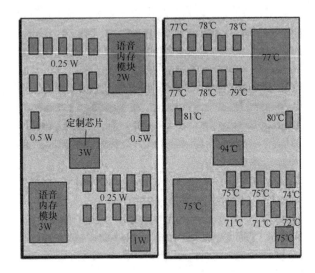

图 5-2　这个布局分散了热耗分布并且得到更低元器件温度
——它可能不是最优的布局，但我们可以采用它

我给 Herbie 看 ThermaNator 的结果时感觉不错。我给他两张图的复印件，并且在第一张上写了一个红色加粗的"坏"。那会给他一些非常具体的设计建议。"这块板子处于散热通过和不通过的临界。有些布置的方式可能会使元器件很热。所以你必须尽量将高热耗元器件分开布置。"我说。

11 月，Herbie 把最终的布局给到我，谦虚地说："在我打样之前，你能否用 ThermaNator 再跑一把？"

我几乎是咆哮："我不会干的！这简直就是我当初告诉你不要选择的布局。"

"是啊，简直太巧了！"Herbie 紧张地笑了起来。"实际上，我们有一段时间想能有一个电气良好工作和功能的布局。然后我们看了你标记'坏'的布局照片,突然间我们如获至宝。在那之后板子的布局确定了。你真的拥有它了。"

"啊!"我说:"这是墨菲法则(墨菲法则认为任何可能出错的事终将出错)在热设计中的再次显现。电气性能最好的布局往往是散热性能最差的。这不仅仅因为自然是反常的,其实存在一些真实的原因。频率越高的元器件通常是最热的,这要求元器件之间的引线长度尽可能短。所以很自然最热的元器件被聚集在一起。最让我生气的事情是如果我让你自己进行板子布局,你可能不会找到散热最差的方案,你的方案有可能散热没问题。但我告诉你什么布局不可以,你却真正地找到了想要的方案。"

"这个布局对我们而言确实是太完美了!"他承认道。

之后的几天我们开始讨价还价,改变元器件位置并且重新进行热仿真,直到我们找到了一个热和电气性能折中的方案。这是一个采用热仿真来辅助板子布局的真实例子。我们从中收获颇丰。

从现在开始我牢记要让电气工程师自己进行板子布局。

第六章 什么时候是一个 热沉（散热器）？

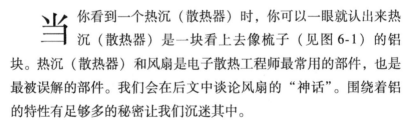

越来越多来自 EE 世界的很多工程传说谈论铝就像海绵一样具有吸收热量的魔法，并且将热量释放到另一个世界。

经验：对流和表面积，热传导。

当你看到一个热沉（散热器）时，你可以一眼就认出来热沉（散热器）是一块看上去像梳子（见图 6-1）的铝块。热沉（散热器）和风扇是电子散热工程师最常用的部件，也是最被误解的部件。我们会在后文中谈论风扇的"神话"。围绕着铝的特性有足够多的秘密让我们沉迷其中。

Herbie 再次和我说："我不知道它是如何工作的，或许你可以解释一下。当我小时候将有线电视解码器焊接在一起时，我就被告知，如果一个元器件很热，在它上面安装一个铝热沉（散热器）会使它降温。铝是如何进行冷却的呢？"

我说："没有散热器这样一个东西。"

"没有这样东西？那你总是告诉我安装在那些高温二极管上的

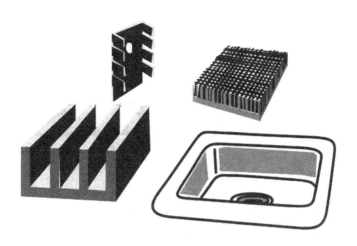

图 6-1　一些常见的热沉（散热器）

东西是什么？" Herbie 问。

你所说的取决于你的定义。

定义某个事物的一种方式是罗列一个它不具备某些特点的列表。下面就是一些热沉（散热器）不能成为热沉（散热器）的例子。

现实生活中的例子 1：廉价的磁盘驱动器外壳

不久以前我做了一个磁盘驱动器的温度测试，其类型就像你在个人计算机中所看到的（见图 6-2）。我们计划在我们的某个产品中使用它。当磁盘被访问，磁盘板子上的一些元器件会变得非常热。

这个供应商是非常聪明的，在金属外壳上冲压了两个凸台，以便于板子上的两个元器件接触，作为了它们的热沉（散热器）。这是一个外壳不仅是外壳的例子，外壳也不需要做成散热器的形状。用手指快速地掠过外壳表面可以感受到表面的不平整——在凸台和

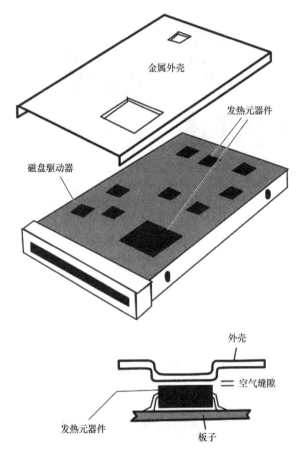

图 6-2 磁盘驱动器的外壳不是散热器

元器件顶部之间有个非常明显的缝隙。这些凸台不仅不会有帮助，而且可能由于阻碍元器件上方空气的流动而使事情变得更糟。这个外壳/热沉（散热器）根本就不是一个热沉（散热器）。

热沉（散热器）这个术语一定是由电子工程师发明的。它与电路理论中的电流沉非常相似。传热学书本中没有沉这个术语。当他们提及这些铝梳子时称呼它们为扩展表面。从这个意义上讲，一个热沉（散热器）永远不是一个热沉（散热器）。为什么？

一个电流沉是原理图中的一个点，它意味着电流可以流进并且永远不出来。这个事物在现实生活中并不存在，但它是绘制电路时一个很方便的概念。沉是一个我们可以放置一些东西，并且假设它不再存在，就如同厨房垃圾桶。我们将泔脚水倒进下水道并且忘记它。但就像脏水会再次出现在沙滩的某个地方，进入热沉的热量不会消失，并且我们不能忘记它。

理想的热沉（散热器）是能吸收无尽的热量但不会变热。但这是不可能的。热是能量，并且能量守恒不是一个好主意，它是一个定律。热不能永远流进一个铝块热沉并且消失，或者迁移到平行宇宙中。如果你使热量进入到某个块中，热量也会从块的某个地方出来或者块会变得更热。严格来说，它的温度会升高。

因为元器件太热，你对它增加了一个热沉。铝梳子是如何使它的温度下降？在通常情况下，终极的热沉（我们希望所有热量进入的地方）是房间内的空气。热量只是从高温移动至低温，除非你推它一把。电能进入到你的元器件，进行一些转换，之后就变成了热量。热量增加了元器件温度。之后从元器件表面进入至空气中。一个小型元器件的表面限制了它与周围环境空气的接触面积，这就意味着在元器件和空气之间存在着大温差。热量无法从小型元器件的表面快速散走，所以你的元器件会变得更热。你可以想象一下当你在煎培根的时候，整个厨房中都是烟雾。窗开得越大，烟就越容易逸散。如果烟的扩散速度不能像其在平底锅中产生的速度一样进行逸散，厨房间会烟雾腾腾（元器件集聚的热量越多，它的温度也就越高）。

所以你在元器件顶部进行表面扩展。在一个小空间内热沉的所有翅片（扩展面积）像一个梳子。热量从你元器件中进入至热沉中，与最初的元器件相比它与空气的接触面积大了很多。你正在把窗开得更大。热量可以更为轻松地进入至空气中，并且扩展表面和元器件的温度都随之下降。

热量还是不会消失。它只是进入到空气中。但使房间保持低温是其他某个人的事情，你可以安心地睡个好觉，假设热量都进入到平行宇宙中。

一个简单方程描述了整个过程（见图6-3），即

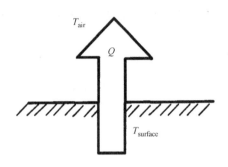

图6-3 热量从表面散走

$$Q = hA(T_{surface} - T_{air}) \tag{6-1}$$

式中　Q——元器件产生的热量，单位是 J/s 或 W；

　　　h——对流换热系数，取决于空气流速；

　　　A——与空气的接触面积；

　$T_{surface}$——固体表面的温度；

　　T_{air}——空气温度。

热沉的整个理念是增加 A 的值，从而使 $T_{surface}$ 和 T_{air} 之间的温差减小。

现实生活中的例子2：第一次尝试

例子1中相同磁盘驱动器的早期版本中，它是没有金属外壳的。在最热元器件的上方安装了一个铝板，大约为 0.125in 厚，并且与元器件顶面的面积相同（见图6-4）。它没有任何翅片来进行表面扩展。这个热沉是热沉吗？（提示：磁盘驱动供应商已经尝试用更大的金属板作为外壳）

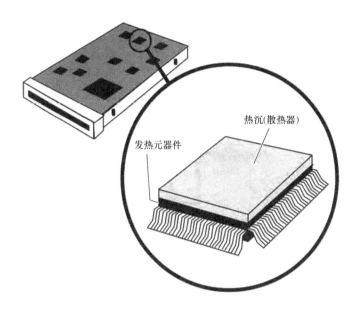

图 6-4　猜测一下加了散热器之后的效果

现实生活中的例子 3:

有一家公司制作塑料热沉。它们无法很好地工作，但是它们可以作为一个很好的教学工具。根据我之前的观点，因为扩展了表面积所以它们应该很好地工作，甚至有时要超过标准的铝或铜热沉。塑料更容易塑造任意三维形状。式（6-1）中的 $T_{surface}$ 是与空气接触的表面温度。我们假设热沉是一个温度，但事实情况并不总是如此。铝是很好的导热体，塑料很差（大约只有铝的 1/1000）。导热（参考第四章结尾的备忘录）通过一个固体有个相类似的方程，即

$$Q = kA/L(T_{hot} - T_{cold}) \tag{6-2}$$

式中　k——固体的热导率;

　　　L——热量从热端到冷端的导热路径长度。

基于例子 2 中的热沉我们来练习一下这个方程。它的一个可取

之处是几何简单，便于进行导热的计算（见图 6-5）。假设我们的元器件散发 1W 的热量，并且在进入至空气之前需要通过 0.125in 的热沉厚度。我们想知道铝热沉和塑料热沉谁的性能更好。

热沉（散热器）材料	铝	塑料
Q	1 W	1 W
k	180 W/m/℃	0.2 W/m/℃
A	0.00065 m^2	0.00065 m^2
L	0.0032 m	0.0032 m
$T_{hot} - T_{cold}$	0.027 ℃	24.6 ℃

铝热沉的空气接触面与元器件接触面的温升小于 1℃。如果我们做一个相类似的塑料热沉，空气接触面与元器件接触面之间的温差是 25℃。这个温升最终会增加到元器件的温度上。

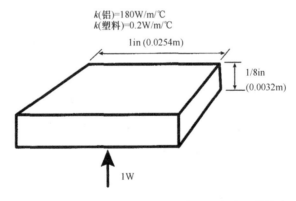

k(铝)=180W/m/℃
k(塑料)=0.2W/m/℃

1in (0.0254m)

1/8in
(0.0032m)

1W

图 6-5　一个平面与另一平面之间的温差取决于热导率

举例：我们假设 h 的值是 20W/m^2/℃，我们可以计算出我们的元器件温度。空气温度是舒适的 25℃。对于塑料和铝热沉（散热器），空气和热沉（散热器）顶面之间的温升是

$$T_{surface} - T_{air} = \frac{Q}{hA} = 1W(20W/m^2/℃ \times 0.00065m^2) = 77℃ \quad (6-3)$$

加上空气温度之后，可以计算得到热沉温度为 102℃。增加热量通过铝热沉（散热器）的温升之后元器件的温度还是为 102℃。但如果加上塑料热沉（散热器）的 24.6℃，则元器件的温度大约为 127℃。

如果导热路径 L 更长，情况会变得更糟糕。你可以想象一下热量通过狭长翅片的传导。

我在现实生活中看到的其他例子

1. 针状热沉（散热器）被针所堵塞。它会有大量的扩展表面，但过度密集的针会导致空气很难穿过。良好的空气流动对于扩展表面就如同音乐之于芭蕾舞（想象一下没有音乐的芭蕾舞）。

2. 与密集针状热沉（散热器）相类似的常见错误是没有将热沉翅片方向与气流方向平行。在自然对流中，空气总是向上流动（除了离心力和反重力）。

3. 当热沉（散热器）是一个烙铁时，热沉不是一个真正的热沉。确保非常热的扩展表面不会与人接触，70℃ 及以上的温度会严重灼伤人。

热沉什么也不是的定义没有结束。我担心术语扩展表面不会得到流行，所以我不得不继续使用名称热沉（散热器）。我希望每一个人都会明白为什么从现在起有人提及它时我会龇牙咧嘴。

第七章 权 衡

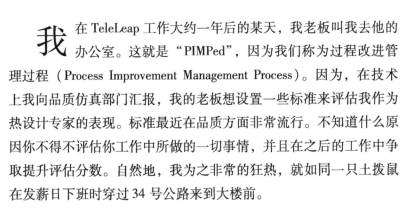

电气性能、成本和温度三者需要权衡，所以产品不能温度太低。

经验：结温工作限制。

我在 TeleLeap 工作大约一年后的某天，我老板叫我去他的办公室。这就是"PIMPed"，因为我们称为过程改进管理过程（Process Improvement Management Process）。因为，在技术上我向品质仿真部门汇报，我的老板想设置一些标准来评估我作为热设计专家的表现。标准最近在品质方面非常流行。不知道什么原因你不得不评估你工作中所做的一切事情，并且在之后的工作中争取提升评估分数。自然地，我为之非常的狂热，就如同一只土拨鼠在发薪日下班时穿过 34 号公路来到大楼前。

Al 说："这个怎么样？如果你让每一个人改进他们的热设计，那么每年 TeleLeap 产品的元器件平均温度就会下降。那就是评估的标准，即便这个标准的确定有些困难。"

或许我应该是一个律师，因为我马上就发现了他的观点中的漏洞。"这不是我的工作。我不想让产品的温度越来越低。我想如果我尽力工作，元器件的平均温度应该越来越高。"

"怎么可能？"诱饵被拿走，陷阱被设置，我开始解释。

降低元器件温度的成本：不仅仅有直接的散热器、风扇和外壳开孔的成本，而且还在产品的设计的其他方面。一块板子可能被设计成两块来进行散热。两个元器件可能共同承担负载来避免一个元器件单独承担负载可能引起的过热。工作频率可能被降低来减少元器件的发热量。一些产品的功能似乎是不可行的，因为在已有的空间内温度过高。在一块新的板子上，一个昂贵的开关电源可能取代一个发热量巨大的线性调节器。在进行元器件温度游戏的时候，需要做很多的妥协。

在一个理想的设计世界中，我不会尽力尝试减小元器件的温度。我会在它们允许的范围内尽可能地提升温度，因为这意味着设计的其他专业有更大的设计自由度。简单地说，不要在它们可承受的范围内尽可能地让它们冷。

在我们通常设计的板子中，大约95%的元器件几乎不发热或很少发热，并且它们是低于自身的工作温度限值。其余的5%才是我关注的。如果我正确工作，我会建议板子设计工程师将散热资源（类似散热器）只在需要的地方使用，并且每一个元器件的温度将低于它们的温度上限。也就是5%的元器件温度会下降，而95%的元器件温度会上升。如果 TeleLeap 优化它的产品设计（不仅仅是元器件温度），所有产品平均元器件温度会逐年上升。

Al 不喜欢我增加元器件温度与 PIMP 评估标准有关的观点，所以工作评估标准被搁置。从那时起，我有了两个老板，并且他们都没打算将我放入到考核系统中。

很热是多热？

我说的热不是翻炒蔬菜的温度。完全不是。但不要将温度降得更低。确定每一个元器件的最大工作温度限值，并且使其保持在限值之下。

Herbie 曾经参加了一个由散热器供应商赞助的免费的（包括午餐）全天电子可靠性研讨会，他说："元器件温度每升高 10℃，它的寿命就会减半！使元器件尽可能的低温来保证可靠性!"

这个经验可能永远也不正确。它来自于白色的化学世界，其中有一个通用的原则就是温度越高化学反应越快。多年前军方采用这一概念来预测温度如何使元器件失效。他们从现场收集了大量有疑问的数据，并且将它们与化学反应率关联，提出了电子可靠性军方手册（MIL-HDBK-217）。因为军方在武器装备采购合同中注明了这一手册，所以它很快变成了一个行业标准，每一个人都知道它。MIL-HDBK-217 是元器件温度升高 10℃失效率翻倍神话的来源。但绝大多数人不知道 MIL-HDBK-217 注明长期低于 70℃的工作结温对于可靠性没有任何影响。所以花费金钱或其他资源来使元器件结温低于 70℃没有任何益处。事实情况是对元器件有伤害的温度要更高。对于不同类型的元器件而言，这个温度值是不同的。

这些最大工作限制温度意味着什么？这个是电子行业中很少公开的大秘密。每一个人都知道如果希望每一个元器件都能工作得比保修期长，那么它们都不应该超过某个温度。但每一个人对于这个温度都有自己的理解。对于绝大多数电子元器件的购买者而言，最常用的方法就是要求元器件供应商提供元器件温度限值。你可以回想一下来自 Texas Instruments 或 Notional 的数字半导体元器件的"最大温度限值"是 150℃。之后我们出于安全的原因对这一数值进行"降额"，并且提出了一个更低的数值，类似于数字集成电路元器件的最大结温限制为 110℃。表 7-1 给出了 TeleLeap 公司的良好设计准则 Manual 的可靠性温度限值。它或多或少是由不同来源拼凑在一起的大杂烩，但它并不一定温度的最大限值。

表7-1 可靠性的工作限制

元器件类型	最大工作温度
双极型晶体管	125℃结温
场效应晶体管	125℃结温
晶闸管	125℃结温
二极管（不包括 LED）	125℃结温
LED	110℃结温
线性半导体	105℃结温
数字半导体	110℃结温
混合半导体	110℃结温
复杂的微处理器	125℃结温
内存	125℃结温
电容	最大环境温度降额10℃
组合电阻器	最大环境温度降额30℃
薄膜电阻	最大环境温度降额40℃
线绕精密电阻	最大环境温度降额10℃
线绕功率电阻	最大外壳温度125℃
电热调节器	最大环境温度降额20℃
电位计	最大环境温度降额35℃
电感	最热点温度降额15℃
ILD（注入激光）	110℃结温
APD（雪崩光电二极管）	125℃结温
声表面波滤波器	125℃结温

所以，记住元器件最大工作温度限值的意义。这并不是意味着当装有 LED 的板子放在开了空调器的实验室，我们就可以使 LED 的结温上升至110℃。它其实是要求你保证 LED 在所有的情况下（最大的环境温度和海拔，板子在系统中可能最恶劣的槽位，板子处于最大负载，或者一些其他现实中可能出现的恶劣情况，例如信号经过板子）都不会超过110℃。

顺便说一下，对于 LED[一]而言，如果一个 LED 是一个紧急情况下工作的报警灯，最恶劣的情况并不是正常工作情况。在这种情况下，你需要模拟这个紧急情况来得到一个确切的最大温度。通常情况下，LED 不存在特别的热问题。

表 7-1 中的数值仅仅用于长期可靠的工作。它们不会涉及任何关于元器件的功能。高温可能会改变信号时间或其他功能参数引起电路短暂的停顿或更大的可靠性问题。一个元器件的功能性工作限值可能是更难确定的，因为它取决于整个设计电路。一个晶体振荡器由于温度的影响造成工作频率与标称频率有10%的偏差，它不会有任何功能性的失效，除非你的电路要求一个非常精准的时钟频率。

最近我正在进行一种新的 PIMP 评估标准。它是基于金发姑娘[二]（金发姑娘和三只熊故事），她可能说："这些电路板太热，那些又是太冷，但这些 TeleLeap 公司的电路板真不错。"

[一] 原作者提到的 LED 为通信行业产品的指示灯，非日常家用的照明灯。——译者注
[二] 由于金发姑娘喜欢不冷不热的粥，不软不硬的椅子，总之是"刚刚好"的东西，所以后来美国人常用金发姑娘（Goldilocks）来形容"刚刚好"。——译者注

第八章 恐 惧 症

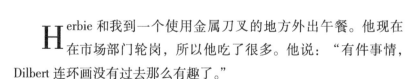

全公司的人都害怕旋转气体加速装置（风扇）。

经验：风扇有着让人们害怕它的缺陷，所以在最开始的阶段就要仔细考虑它。

Ｈerbie 和我到一个使用金属刀叉的地方外出午餐。他现在在市场部门轮岗，所以他吃了很多。他说："有件事情，Dilbert 连环画没有过去那么有趣了。"

他开始抱怨的第一件事情是我要他在新项目中使用风扇。Com-ComCon 项目中使用了一些新的硬件，而且这主要是电话费用降价的营销行为。电话用户为了获得更低的通话费用，不得不在打电话过程中听取广告。本地电话在每个 10min 之前会有 30s 的广告，长途电话每个 5min 之前有 60s 的广告。这个项目的第一个阶段是研发连接广告设备与电话交换机的硬件。第二和第三阶段的计划是将特定的广告定位到打电话的人，以及允许支付少量费用可以拦截广告的功能。根据 Herbie 的新同事说法，赞助通信的市场非常巨大，是一个未开发的市场。

Herbie 说："在通信的世界中，风扇十恶不赦。你在公司最新的'良好设计准则'文档中也是这么说的。"

我回答说："你已经得了 CFM 恐惧症（见图 8-1）。"

图 8-1　CFM 恐惧症

"干杯祝福。"

"在 TeleLeap 公司中流传着很多故事。CFM 或立方英尺每分钟的恐惧来自风扇。风扇不是十恶不赦的。它们在某一方面做得很好，那就是使空气流动。只是它比较棘手而已。"

"棘手就是十恶不赦。"

我问："什么是棘手的，设计客户的 VLSI 芯片或在金属盒子中放置一个风扇？哪一个更有风险，并且哪一个你每天都要经历？"

Herbie 沉默不语。

我说："我喜欢这样的方式，TeleLeap 公司正在达到自然对流冷却的极限。通信电子冷却的世界已经进入到恒温控制的多速风扇、热管、热电制冷器、压力射流冲击、沸腾浸没式氟化物、氦填充弹簧加载的微观铜活塞和碳薄膜散热器。并且当有人建议把风扇放在盒子里时，我们会感到不寒而栗。"

Herbie 挥舞着插满生菜的叉子申辩说："但风扇失效、风扇卡顿。它们产生的噪声。它们使电子产品充满灰尘。并且你需要一个过滤棉来保证灰尘不进入产品。如果你有一个风扇，你还需要一个，以便当其中一个失效时，你可以进行修复时系统仍可以正常工作。所以你需要一个传感器来告知风扇失效，当传感器探测到情况时进行报警，软件会查明和提出警报，并且会有一个程序对于警报进行响应，最后是一个售后维护的家伙。"

"或者某个人。"

"或者某个人到现场，并且更换新风扇和清洗过滤棉。"

"我很高兴你仔细阅读了'良好设计准则'的那个章节。"

"那是'良好设计准则'的内容？那是我们市场部门在进行产品评审时，当有人说要增加风扇时所说的。"当他们第一次告诉我如何合适地穿丝袜，我就牢牢记住了。我们不想使用风扇的真正原因是 PhoneComTech 公司的 Joe Blow 不想买我们有风扇的产品，而竞争对手的小发明却没有风扇。

我说："这个 Joe Blow 的家伙很有可能是喜欢风扇的。但你不必将你的观点强加于我。我认同你说的一切。如果你不需要它们就不要使用它们，因为它们存在着一些缺陷。而且我需要说服 Tele-Leap 公司中像 Herbie 你这样的一群人，告诉他们风扇不是天生不好的。甚至即便它们是坏的，它们也是不可或缺的坏事情。在泰坦尼克号上的救生艇坏的时候，风扇确实是不好的。它们把甲板弄得乱七八糟，并且挡住了悬窗的视野。我敢打赌风扇马上会变得不可或缺，那就是在每一个项目的最后设计阶段。在最终的评审之前一个月，我们发现一些元器件很热，并且在一个长时间讨论的会议之后，我们最终决定在系统中增加风扇。由于风扇是复杂的，所以项目的研发进度会延误。无论是产品研发进度延误，还是风扇自己工作卡顿，就如同塑料包装袋绑在劳斯莱斯的碎车窗上，它不会很好地工作，但我们必须这么做，之后每一个人都会说：'瞧，风扇并不好'。"

Herbie 耸了耸肩笑着说："是什么让你觉得事情突然变得如此火爆？目前为止我们已经在这里或那里增加了一些开孔，并且之后可能会对高温元器件增加一个或两个散热器。"

"哪一种方式是电子产品的发展趋势？表面安装元器件更多。走线宽度和空间越小。引脚宽度越精密。工作频率越快。每个月芯片的门的数量翻倍。当芯片的工作频率越快时会发生什么？引脚宽度不得不减少，那就意味着所有元器件都要更紧密地靠在一起。更高的工作频率意味着更多的电子噪声，也意味着更多的屏蔽和更小通风孔。现在光纤的应用也非常普遍，在板子上布置了恼人的热激光器。并且客户开始希望通信产品尺寸缩小到普通录像机的大小。所有的这些都会使更小的空间内产生更多热量，最终不得不越过自然对流的散热极限。我看到摩托罗拉公司（Motorola）说它们目前的产品设计采用风扇冷却——甚至不再考虑自然对流冷却。可能不久之后我们不能买到采用自然对流的新款和高科技产品。记得当我们对 Roadrunner 芯片进行降成本时发生的事情吗？供应商重新将大约 $2in^2$ 的引线阵列元器件封装成 0.125in 极小间距的扁平表面安装封装。由此节约了大量板子空间，由于我们没有一个风扇冷却，所以采用的散热器要比之前引线阵列元器件大很多！"

Herbie 开始有点倒胃口。"我不知道你为什么这么不安。你在 ThermaNator 中做的 ComComCon 项目的仿真结果显示它不需要任何风扇。"

"那是在阶段1。但阶段2和3又会发生什么？我听说下一年他们想在系统中产生 250W 的热量。"

"是的，但我仅仅需要通过阶段 1 的项目评审。下年度，我会轮转到之前的工程部门。"他大笑，交流取得了显著的效果。"但那时，机箱设计、板子空间和供电所有的都会停止。如果他们决定在阶段 2 增加一个风扇，它会是一个真正的黑客。阶段 2 的板子无法在阶段 1 的机箱中工作，因为阶段 1 是不使用风扇的。嗯?"

我承认说："你是对的，风扇是复杂的。如果在系统开始阶段就进行风扇考虑，那么它们有机会很好的工作。"

Herbie 说："如果你有 CFM 恐惧症，是不可能这么做的，因为在开始阶段你就不会考虑用一个风扇。"

当我拿起午餐的账单时，Herbie 脸上的表情异常高兴。

第九章　间隙冷却系统

一个系统的冷却仅仅是因为机箱内无意中设计的空气缝隙。如何预测一个冷却系统的性能真的是门大学问。

经验：通过手算自然对流流动几乎是不可能的。

每年研发 ThermaNator 的 Temperatures 有限公司会举行一次国际性的用户大会。它们邀请用户去一些像伦敦、拉斯维加斯或巴黎等大城市，在酒店昏暗会议室中让用户盯着屏幕看 12h 的幻灯片作为奖赏，当然这些用户经常在昏暗办公室中盯着电脑屏幕上的热仿真软件超过 10h 以上。

假设你忘了，ThermaNator 是一款我用来预测流动和温度的热仿真软件。有一年用户大会在伦敦举行。通过撰写了一篇有关如何使用 ThermaNator 分析为什么元器件温度不会像放置于温箱内一样快速变化的论文，我成功说服了老板让我参加这个会议。他来买单，所以我享受了一周的暖啤酒和参观英国博物馆。当然，还有用户大会。在用户大会的茶歇时，一个 ThermaNator 的职员将我拉到一个角落，并且问我 ThermaNator 是否真的帮助 TeleLeap 节省了研发时间和费用。他真的是一个好销售。他需要真实的客户认可来告诉那些潜在客户。我开始了关于我的环境温箱论坛的演讲，但他不是那么感兴趣。之后我告诉他一个 TeleLeap 良好热仿真软件价值的故事。

大约一年前，我们位于冰岛的国际部门 InteleLeap 提供给我一个充满 PCB 的样机进行热测试。产品的名称是"Boris"，一种设计用于苏联国家电话系统的振铃电压功率补偿器。显然地，当克格勃完蛋的时候，他们没有费心去消除过去多年间在网络上安装的窃听装置。这些窃听装置直接从电话线中获取功率。在一些线路中存在很多问题，铃流发生器去产生足够的功率来响应线路另一端的电话是困难的。Boris 被设计用来探测和补偿这些"秘密"负载，即便它真的在莫斯科"嗡嗡"地响个不停。

Boris 看上去与常见的通信设备插箱非常相像（见图 9-1）。板子被直接插入至背板，并且空气以自然对流的形式通过底部和上部的槽位。这个插箱被安装在标准的电话机架中，并且可能会堆叠七

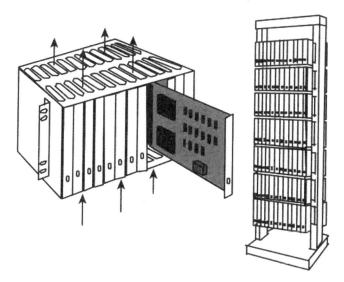

图 9-1 当 Boris 插箱堆叠在机架中时它会变得多热？

层高。我测量了单个 Boris 样机的元器件温度。对于单个插箱而言，所有的元器件温度都没问题。

来自冰岛的 Helga 说：“非常感谢你的测试报告，但现在你是否可以告诉我堆叠 7 个 Boris 的温度？”

我问：“你是否给我邮寄了另外 6 个插箱？”

“对不起，没有。是否有一种方法知道当你堆叠 7 个插箱时会发生什么？”

我通过告诉他关于红外摄像仪和旅游推销员的笑话进行搪塞。Helga 想要我解决的问题听起来很容易。由于已经进行了测试，所以你知道一个插箱的情况。当你对两个插箱进行堆叠时应该很容易进行计算——仅仅将两个插箱放在一起——是吗？

自然对流是相对比较复杂的。每一个堆叠的插箱会产生两个影响：首先，多出来的板子会增加热量，可能会引起更多的流量；其次，多出来板子的摩擦和堵塞会减缓机架内空气的流动。不容易预测这些相反效应对于散热的作用哪个更强。因此，当你在机架中增加一个插箱之前你并不知道它是否会增强或减弱空气流动。

不要忘记空气在穿过堆叠插箱时会越来越热。离开第一个插箱的空气变成了第二个插箱的入口空气。所以每一个插箱的增加，空气的流动可能增强或减弱，空气流量会根据空气温度有所增加。增加的热量，增加的流阻和取决于空气流量的温升综合作用，使整件事情的预测要比 TeleLeap 未公布每季度营收之前预测其股票价格更困难。

我提出了一个简单的方式来预测堆叠插箱的影响，即测量插箱的进出口温度。平均情况下，温升大约是 13℃。之后，我把插箱放在灯光下，查看着空气孔，仿佛我就是一个空气粒子。看上去没有太多的流动阻碍，所以我认为相对保守的说由于热量增加引起的流量增加与增加插箱引起的流量减少相抵消。至少对于计算有用的答案是，每一个插箱会引起 13℃ 的温度增加。

所以如果室温是 20℃，底部插箱出口处的空气温度是 33℃，并且底部第二个插箱出口处的空气温度是 46℃，底部第三个插箱出口处的空气温度是 59℃。因为元器件温度取决于插箱的进口空气温度，它会随着插箱的增加而增加。当底部插箱中的继电器温度为 90℃，会在底部第二个插箱中变成 103℃（90℃ + 13℃），并且在第三个插箱中变成 116℃。太糟糕了。这个继电器被要求不超过 105℃，所以通过这个简单的计算就可以确定 Boris 插箱不能堆叠超过两个。你需要在两个堆叠插箱之后插入一个挡板，它会引入 20℃ 的新鲜空气（见图 9-2）。

Helga 压根就不喜欢这个方法，无论这个方法对我的帮助有多大，因为这就意味着 InteleLeap 只能在机架中安装 5 个 Boris 插箱而不是 7 个，其中有些空气浪费在挡板上了。她还指出 Boris 并没有比常见的铃流发生器产生更多的热量，我们经常在没有挡板的情况下把它们 7 个堆叠在一起。不可思议地，散热是没有问题的，因为它们过去已经被广泛地测试过，甚至使用了相同的继电器。

所以我放弃了这种简单的计算，并且在 ThermaNator 中进行了分析。我用它进行单个 Boris 插箱的仿真分析，并且调整了仿真参数直到仿真温度与我在 Boris 插箱的测试结果相一致。之后，使用这些相同的参数，我仿真了 7 个堆叠的 Boris 插箱。表 9-1 给出了 ThermaNator 的每个插箱的元器件温度。

表 9-1 堆叠 Boris 的 ThermaNator 仿真结果

插　　箱	出口空气	继 电 器	相对于插箱 1 的流量
7	42.2	97.2	2.43
6	41.8	97.2	2.31
5	41.1	96.4	2.22
4	40.1	95.9	2.12
3	38.8	94.4	1.96
2	36.6	91.9	1.68

（续）

插　　箱	出口空气	继　电　器	相对于插箱 1 的流量
1	34.1	89.2	1.00
	20.0	⇦ 入口空气	

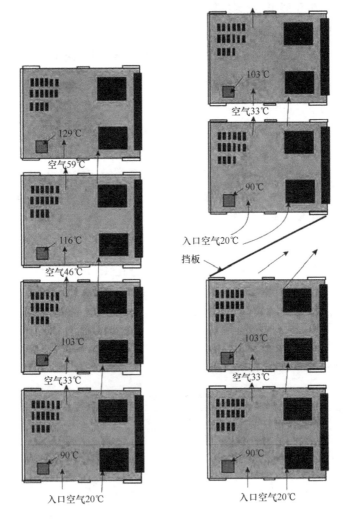

图 9-2　根据简单方法，每个插箱的温度上升 13℃，每两个插箱加入一个
挡板可以使继电器的温度低于 105℃

看一下插箱1，就如同表9-1中一样，它在机架底部。出口空气温度比入口空气温度高14℃，这与我测试得到的空气温升13℃相一致。但其余的插箱又是什么情况？插箱1和插箱2的出口空气温度只有相差2.5℃！这与我基于最初方法得到的结果有很大差异。我的简单计算方法得到每个插箱引起空气温度上升13℃。但对于插箱7而言，进出口空气温度小于0.5℃。

比较插箱之间的继电器温度，你会看到相同的情况。每个插箱内的继电器也没有相差13℃。事实上，在插箱7中继电器的温度比插箱6没有任何上升。这到底是什么情况？

这是间隙冷却系统在工作。我已经考虑申请专利了，但律师说我不能对空气渗入进行申请专利。我还没有告诉你在我的仿真中包括了一个额外的小细节，即在每个插箱的上部和下一个插箱的下部之间有1in的空气间隙。这其实是我们机架的结构引起的，并且这些空气间隙一直以来都被认为是散热的重要因素。但我一直无法证明它，因为自然对流缓慢的流速无法进行测量，并且现实中无法分辨是否空气流进或流出这些间隙。就我所知道的，空气可能同时会进入和离开某个地方。

ThermaNator可以计算通过这些间隙的空气流动，即使我简单的计算方法忽略了它们。看一下相对空气流动一栏。我没有标注单位，仅仅是想比较插箱之间的差异。它所告诉你的是通过插箱7的空气流量几乎是插箱1的2.5倍。所有这些额外的空气是哪里来的？空气通过这些间隙进入堆叠的插箱。这也是为什么为称它为间隙冷却系统。它取决于空气渗入才能工作。

我最初的手工计算假设空气通过每一个插箱是理想化的。由于没有方法假设有多少空气进入或流出间隙，所以我不得不做这个理想化的假设。我不得不忽略后来被证明是重要冷却部分的东西，那也是我简单手工计算预测元器件温度与实际情况大相径庭的原因。

ThermaNator 仿真没有忽略插箱之间的间隙，由此也证明了它的真正价值。我已经知道一堆 7 个铃流发生器在散热方面没问题，因为我已经在实际情况下测试元器件温度好多次了。从以前的测试中，我知道每个插箱的空气温升不会相同，直到采用 ThermaNator 进行预测之前我一直没有办法进行解释。从空气流动的云图，最后我能清楚地解释为什么它以这种方式工作。知道飞行是可能的和能够设计飞机是有很大差异的。你看到鸟类能够飞翔是因为你知道它们能够做到。但是只有当你了解飞行的方式后，才能使非鸟类的东西飞起来。它使我能够采用以前无法量化的间隙冷却系统，并将其应用于其他设计。

这个销售问："所以 ThermaNator 为你们公司节省了几百万美金？"

我说："那不是重点，我从来没有刻意地去计算节省的费用，甚至我不认为它加快了研发的进度。我们所获得的是复杂的自然对流过程如何在堆叠插箱中工作的。"

"那么你的意思是没有节省一百万美金？"

我说："我认为可能少于一百万美金。"

这个销售很开心，满意的在他皮革封面的笔记本上写下了"接近一百万美金的节省"。他再三感谢我的反馈。

第十章 极 限

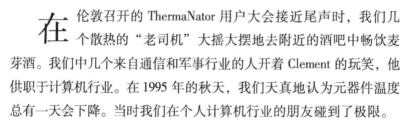

自然对流有极限，因为大自然不会面对很多竞争，并且不会努力在流程方面进行改善。但是计算机芯片正变得越来越热。

经验：自然和强迫对流冷却。

在伦敦召开的 ThermaNator 用户大会接近尾声时，我们几个散热的"老司机"大摇大摆地去附近的酒吧中畅饮麦芽酒。我们中几个来自通信和军事行业的人开着 Clement 的玩笑，他供职于计算机行业。在 1995 年的秋天，我们天真地认为元器件温度总有一天会下降。当时我们在个人计算机行业的朋友碰到了极限。

"看，这又是一个 90MHz 的家伙。"Kamal 说，并且指着报纸上的大广告。这是一家名为"Dungeon o' Value"的折扣店。它们售卖野餐桌、婴儿车，甚至计算机。Kamal 一脸的坏笑。

Clement 看着广告上一个小孩使用计算机在做作业，并且转了转眼睛。"这个是台式计算机！每一个人都可以应付台式计算机！"

Clement 已经做了一个关于 90MHz 笔记本电脑的热分析报告。它显示无论尝试何种类型的散热器和通风孔，没有什么可以保证处理器足够低温。笔记本电脑外壳对于一个风扇而言太小。此外，风扇会消耗大量的笔记本电源。台式计算机至少有两个风扇，其中一个直接吹处理器上方的散热器，并且另一个用来冷却电源和其他元器件。他已经确定唯一一种保持笔记本电脑足够冷却的方法是减少处理器的工作频率（发热功耗）。

这是一个很好地热分析报告。但 Clement 不得不忍受大家的嘲笑。他遇到了极限，但我们还没有。

Clement 说："对不起，如果你想携带一台计算机，你不得不做一些妥协。它必须运行得慢一些。无论如何，你能在计算机上打高尔夫会需要有多快？"

我看到他眼睛中的无奈，并且大笑着喝了一口麦芽酒。我还没有遇到自然对流的极限。笔记本电脑已经遇到了极限，我开始意识到 TeleLeap 公司不久之后也会出现类似的问题。

关注热耗，它总是在增加

Clement 在他的报告中展现了图 10-1，告诉我们他在尝试冷却最新笔记本电脑时所面临的挑战。它显示了随着时间的推移计算机处理器的热功耗历史趋势。

可以很清楚地看到，这些芯片的热功耗是逐年递增的。功耗采用的是对数坐标，表明它不是线性增加，而是呈指数增加。这个趋势的产生主要有两个原因。

- 工作频率不断上升。视频游戏在工作频率 33MHz 时不够流畅，特别是在你需要越来越多的 3D 图形和色彩时。芯片计算能力会随着工作频率增加而增加。

- 硅（晶体管、二极管等）的特征尺寸总是越来越小，这可以使设计者在相同的面积内布置更多的芯片。芯片每平方英寸的瓦数增长要比单个芯片瓦数增长快。

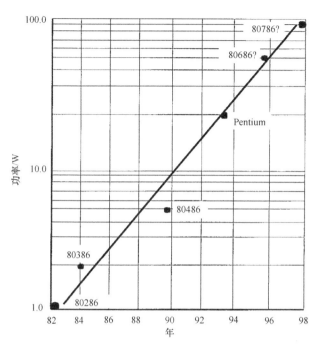

图 10-1 计算机处理器热功耗快速增加

另一方面，你还有一张空气自然对流能力的历史趋势图（见图 10-2）。

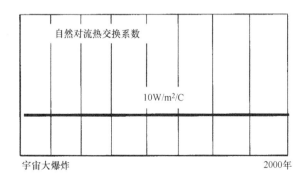

图 10-2 空气自然对流热交换系数的历史趋势

那就是自然对流的问题。大自然没有受到任何竞争力的驱使来改变自身的任何流程。当然我们可以使用一些方法来提升自然对流的作用，例如确保通风孔不受限制、通过散热器来增加散热面积等。

但是如果把这两种趋势放在一起，你会发现芯片功率在增加，尺寸在缩小，最终芯片技术将会达到自然对流无法进行很好散热的程度。不仅仅每个芯片会变得越来越热，而且产品的趋势是放置越来越多芯片在每一块板子上，缩小板子尺寸和将芯片更紧密的放置。我开始意识到 TeleLeap 公司产品面临散热极限的那一天会比我想象的更早到来。

TeleLeap 公司不做计算机

Clement 在我们面前挥舞着麦芽酒说："你们这帮家伙真幸运不干计算机这一行。"我想知道我们是多么幸运。

回到公司之后，我通过研究 TeleLeap 公司产品设计的历史趋势之后做了一些猜想。在热功耗方面，TeleLeap 公司可能仅仅晚于计算机行业一年或两年。这几年我们已经在使用 4W 的芯片，并且还有一些可乐罐被用作它们的散热器。越来越多的 TeleLeap 公司的板子看上去与计算机的很相像——有一个或多个处理器、RAM、闪存等。鉴于 TeleLeap 公司市场经理们对于自然对流散热方式的长期钟爱，我开始关注我可能会遇到的"极限"。

关于这个趋势我所担心的是我们产品的热问题要比计算机更糟糕。什么时候你看到过设计工作环境温度为 50℃ 的计算机。在通信行业，50℃ 环温仅仅是个起步。TeleLeap 公司是销售数据中心方面的产品，而非会计师良好的空调办公桌环境。个人计算机的性能会逐渐衰退，即便没有，也会在三年后成为过时的垃圾。我们的系统需要一天工作 24h，创收的电话流量设备不允许停机，必须可靠地运行好多年。设备工作的最大允许空气温度也越高，所以我们的芯片需要进行散热来使其更长时间工作。与我们相比计算机行业的家伙说面临的唯一挑战是将板子、光盘驱动器和电池塞到笔记本中。而且，我们的技术也没有那么落后。现在我们已经在上面布置激光发射机等高科技产品了。

　　TeleLeap 公司什么时候会遇到极限？我大概估计了一块交换板的功率密度历史趋势，并且把这个趋势推断到未来。看一下图 10-3。

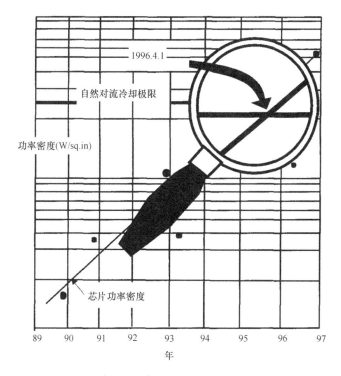

图 10-3　自然对流冷却的极限

　　根据这张图，在 1996 年 4 月 1 日，TeleLeap 公司的设计团队将要遇到一块自然对流无法冷却的高功率密度板子。

1996 年 2 月——极限

当 Herbie 和他老板 Wayne 在一个其他同事已经驾车回家的深夜找到我时，我已经想好了应对策略。他们淡定地询问我冷却100W 的板子和 10W 有什么差异。我给他们在白板上画了两张图。他们可以做出自己的选择。一个是比整个板子还要大的散热器，插箱的顶部、底部和前部都是伸出的翅片。另一个是径向对称叶片旋转机电气加速系统。他们非常喜欢这个名字，但它看起来很像一个风扇。他们伤心地走开了，但对于即将发生的事情给予了适当的警告。

一个临时的挑战应对方法

计算机的生产者在 1995 年没有放弃。他们找到一个在工作频率仍然增加的情况下，降低处理器功耗的方法。他们主要做的事情是将工作电压由 5V 降低到 3.3V，甚至某些芯片可以是 2V。对于一些芯片而言，功耗的下降可以达到 90%。Clement 送给我一本刊登了他设计的 120MHz 计算机的广告杂志。

感谢技术的革新，我们应对了面临的挑战。也许我们可以再维持个一两年。我松了一口气，但还不能完全放松。之后我将广告上 200MHz 台式计算机的图片剪了下来，并且放到了我同事的邮箱中。

第十一章　保持头脑冷静

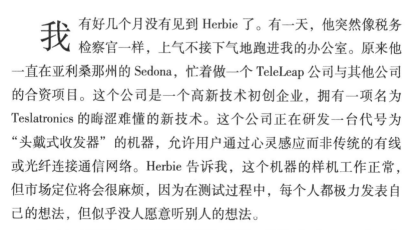

最大风量为 25CFM 的风扇，在系统中却无法提供 25CFM 的空气流量。Herbie 对此感到疑惑不解。我只好将风扇在系统中风量的估算图表画在餐巾纸背面，供他参考。

经验：风扇性能曲线。

我有好几个月没有见到 Herbie 了。有一天，他突然像税务检察官一样，上气不接下气地跑进我的办公室。原来他一直在亚利桑那州的 Sedona，忙着做一个 TeleLeap 公司与其他公司的合资项目。这个公司是一个高新技术初创企业，拥有一项名为 Teslatronics 的晦涩难懂的新技术。这个公司正在研发一台代号为"头戴式收发器"的机器，允许用户通过心灵感应而非传统的有线或光纤连接通信网络。Herbie 告诉我，这个机器的样机工作正常，但市场定位将会很麻烦，因为在测试过程中，每个人都极力发表自己的想法，但似乎没人愿意听别人的想法。

Herbie 对我说："我们刚收到你最新一期的《HOTNEWS》，上面提到风扇是一个散热神器。我们非常期待在新开发的系统中使用风扇。15min 后会有车来接我去机场，在这之前你能把所有关于风扇的知识讲给我听听吗？"

我将双脚翘起放在面前的桌子上，进入业务咨询模式。我问Herbie："你的系统里有哪些器件？为什么你觉得系统需要风扇？"

Herbie 迅速地在白板上画了一个示意图，然后告诉我："系统里有一些网络板卡，这个是 CPU 卡，这个是主电源，那个则是人脑单元 HBU。HBU 可能是这个系统中对温度最敏感的部件。"

"HBU 是什么？HBU 里有电解电容吗？"

Herbie 回答："哦，没有电解电容。HBU 是人脑单元（Human Brain Unit）的简写。在样机里。"

"人脑单元？"我惊讶不已，双脚瞬间从桌上滑落下来。

Herbie 解释道："HBU 是连接客户端的无线电收发器。目前还处在研发第一阶段，HBU 暂由一个人来代替。有很多电线贴在这个人的头部，由他来接收远端发送来的心灵感应信号，并将这些信号发送到网络板卡中。最终我们将会做一个胶囊状 HBU 器件，将来的 HBU 只包含人体大脑的左半球功能。"

"研发 HBU 可能会遇到一些困难吧？"

Herbie 继续解释："HBU 是第二阶段我们应该考虑的事情，目前最令我担心的是这个电源模块。这个电源是我们从 PowSup 公司购买的产品。产品说明书上提到，空气流量为 25CFM 时，电源满负荷运行的最高环境温度是 50℃。我从 BloHard 公司拿到了一个最大风量为 25CFM 的风扇样品，并将这个风扇安装在电源上，却感觉不到出风口有什么风。哪里出错了呢？"

我拿出一本翻旧了的 BloHard 公司的产品手册，找到 Herbie 选择的风扇。我问 Herbie："你知道 CFM 是什么意思吗？"

Herbie 做了一个鬼脸，好像自己光着脚踩到湿软的东西一样，说道："我猜这是类似 centifemiron⊖的公制单位。"

⊖　centifermiron 单词中含有 CFM。——译者注

"接近正确答案了。CFM 意思是立方英尺每分钟（Cubic Feet per Minute），指的是风扇驱动空气的体积流量。25CFM 表示每分钟有 $25ft^3$ 的空气从风扇流出来。"

Herbie 高兴地说："太好了，竟然有这么多空气从电源盒子里流出来呀。"

我纠正 Herbie："注意，这里有一行小字体文字，即 25CFM 是风扇的最大空气体积流量。当你把风扇挂在大房间中央的时候，风扇能够吹出来的风量就是它的最大风量。而当你把风扇安装在一个小盒子或铁架子上的时候，风扇的风量会下降。因为盒子或铁架子这类东西会阻碍空气流动。至于空气流量下降多少，可以从图 11-1 中估算出来。"

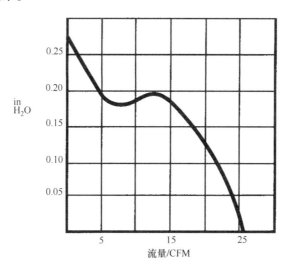

图 11-1　Herbie 挑选的 "25CFM" 轴流风扇的性能曲线

Herbie 咬着嘴唇，说："我见过这张图，但是看不懂。我现在能理解 CFM，但究竟水（H_2O）跟风扇有什么关系呢？"

我对 Herbie 说："英寸水柱是有点奇怪，但这是表示大气压力的一种有效方式。大气压力还有其他单位，比如磅每平方英寸、轮胎压力、牛顿或大气压。这张图表告诉我们，风扇在一定的压力下能够推动多少 CFM 的空气流过阻力区域。风扇需要克服的压力越大，则风扇能够推动的空气流量越小。你看，当风扇安装在无阻力区域时，空气流量可以达到 25CFM。"

"我明白了。那么，1in 水柱是多大压力呢？"

我问 Herbie："我记得你是一个天气迷，对吧？你一定习惯用英寸汞柱来描述大气压力了，一个标准大气压大约是 30.07in 汞柱。这个大气压是这样测出来的：取一根一端封闭的玻璃管，向管内注满水银，然后翻转玻璃管，将玻璃管开口端插入一个装有水银的盆中，如图 11-2 所示。水银柱会向下移动一小段距离，在玻璃管封闭一端形成真空。当玻璃管外的大气压和管内的水银柱的重量达到平衡状态时，管内水银柱高度保持不变。在玻璃管旁边贴一把直尺，测量管内水银柱的高度。当大气压变化的时候，管内的水银柱高度会随之变化。大气压就是用管内水银柱高度来表示的，比如海平面的大气压约为 30in 汞柱。"

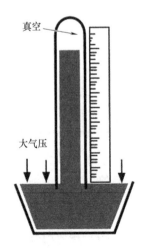

图 11-2　气压计：如何用英寸汞柱计量大气压

Herbie 恍然大悟："那么也可以用英寸水柱来计量大气压了。"

"我正要和你说这个。我们可以用水做相同的实验，但没人想要这样做。因为水银的密度比水的密度大很多，用水银做气压计尚且需要 3ft 的玻璃管，如果用水做气压计的话，至少需要 34ft 的玻璃管。"

Herbie 试图纠正我："你刚刚说的是英尺，难道不是英寸吗？"

我告诉 Herbie："我刚才说的就是英尺。你或许可以在研发大楼旁边安装一个用水做的气压计，但你却不得不站在三楼的椅子上去读气压计的刻度值。"

Herbie 仔细地盯着风扇性能曲线，对我说："但是图表上的单位是英寸水柱，不是英尺水柱。如果你是对的，那么这个风扇克服不了多大的气压阻力。"

"这正是我要说的，1in 水柱气压并不是很大。你看，34ft 水柱是一个标准大气压，这个风扇能克服的阻力只有 0.1in 水柱，大约只有一个标准大气压的万分之二。"

Herbie 不好意思地挠挠头，对我说："看来是我的问题，我选择的风扇太弱了，无法胜任电源冷却工作。但是，热设计大叔，我应该怎样挑选风扇呢？"

"我们公司的良好设计准则对此有专门的介绍。"我脱口而出："这本指南介绍了风扇性能曲线和系统阻力曲线。你可以自己阅读，或者请我喝杯咖啡，由我来讲给你听。"我拿到了免费的咖啡，开始在餐巾纸上画了一张草图，如图 11-3 所示。

"风扇性能可以用一条流量-压力曲线来描述，而机柜有一条类似这样的系统阻力曲线。"我告诉 Herbie："系统阻力曲线跟风扇性能曲线方向相反，想要更多的风量流过机柜，则需要风扇克服更大的阻力。如果你知道机柜的系统阻力曲线，就可以将这条系统阻力曲线画在风扇性能曲线图表上。两条曲线的交叉点，就

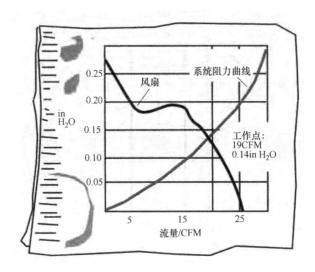

图 11-3 系统阻力曲线与风扇性能曲线的交叉点就是风扇的工作点

是风扇在机柜的工作点，工作点的横坐标就是流过机柜的空气流量。"

Herbie 问我："有什么手册可以查到机柜的系统阻力曲线呢？你有这样的手册吗？"

"没有手册可查。机柜的系统阻力曲线与机柜的大小、形状以及机柜内部板卡的安装位置有关，另外，线缆、通风孔的设计、气流方向上的弯道等，对机柜的系统阻力曲线都有影响。甚至，即使你有机柜样机，如果没有风洞设备的话，你也无法测得系统阻力曲线。送你去机场的豪华轿车已经来了，我给你一个经验准则吧！挑选一个比系统所需风量更大的风扇，风扇的最大风量最好是系统所需风量的两倍。比如机柜需要 25CFM，你最好选择一个最大风量为 50CFM 的风扇，然后将风扇安装在机柜里测试一下。"

Herbie 将这张画有草图的餐巾纸折好放入他的口袋，大口喝下咖啡，然后急匆匆地冲向豪华轿车。我相信，将来我一定能在 Herbie 的某份报告里看到这张带有咖啡印迹的草图。至少 Herbie 已经明白，那个最大风量仅为 25CFM 的风扇不可能从他的机柜中抽走 25CFM 的风量。过些时日，我会给 Herbie 打电话，告诉他那个电源的热规格太模糊了，没什么用处。Herbie 在测试电源的时候还需要考虑海拔的变化，或许还要考虑系统风扇的冗余设计。

第十二章　易怒的样机

電子元器件的冷却与电源的冷却存在一些差异，与人体的冷却差别更大。为一个项目制定热设计目标，不仅仅只是填写一份表格那么简单。

经验：工作温度极限。

────　封简单的电子邮件却能够传递强烈的情感，令人惊叹。
我岳母从博尔德发来一封电子邮件，当我看到邮件里"祝你生日快乐"这句话时，几乎能感受到岳母温暖的拥抱。一天早晨，当我看到来自 Herbie 的邮件时，我也能从字里行间体会到他的出奇愤怒。

Tony：

你们这些做仿真的家伙在修改良好设计准则时，为什么不问问我们这些设计工程师的意见呢？本来我们与 Sedona 的朋友们达成协议，在头戴式收发器项目上，按照我们之前在 TeleLeap 公司时的做法，填写设计检查列表。现在他们却要求我们按照新版的良好设计准则来填写表格。

由于上个月我在电源风扇选型方面表现突出，他们安排我负责填写热设计检查列表。之前我在 TeleLeap 公司填写这种表格超过一年，我原以为可以很快完成这项工作。但是，你们在几个月前对设计检查列表做了修订。修订版增加了一个新问题：你以书面形式确认了热设计目标吗？我不知该如何回答这个问题。

首先，热设计目标是什么意思？我在项目任务书上找不到热设计目标。我们应该在项目的哪个阶段以书面形式确定热设计目标呢？我们之前可从来没有定义过什么热设计目标啊。对于这个问题，我本来打算按照惯例勾选"不适用"。但是 Sedona 的朋友们认为，如果热设计指南上要求以书面形式确认的事情，一定非常重要，所以他们坚持按照新要求来做。

麻烦您尽快给我写一封"这一项免做"的豁免信件，电子邮件也可以。如果你用印有公司抬头的信纸写这封信，将会更好。

Herbie

我给 Herbie 回了下面这封电子邮件，然后就去吃午饭。

Herbie：

您好！

最新版的良好设计准则对热设计检查列表并未做任何改动，页眉和备注里显示的版本号依然是 Rev A。每个项目在立项的时候都应该有书面的热设计目标。先别紧张，在目前的检查列表里确实还有两项没有列出来的书面要求：热测试计划和热测试报告。

我不会给你写"这一项免做"的豁免信件。撰写热设计目标其实就是在问自己："我希望我的产品能在什么样的环境下工作？"如果你对这个问题没有答案，怎么能够对系统进行热设计呢？还有，你怎么知道样机能够满足冷却要求？

祝好运！

'好设计'先生

吃完午饭，我回到办公室。办公桌上的计算机几乎要上蹿下跳了，计算机显示器上赫然出现了 Herbie 的回复邮件。

嗨，热沉大哥！

我发现你这封豁免信不能被接受。只有你给我书面允许，我才能在热设计检查列表里勾选"不适用"。Sedona 的这些家伙越来越挑剔了，他们认为 TeleLeap 公司将会有人来审查我们提交的这份热设计检查列表。

你和我都十分清楚，以前的项目从来都没有定义过热设计目标。当然，也没有人写过热测试计划。所以，让我们回到现实中来吧，我需要在圣诞节前完成这份热设计检查列表。

Herbie

我给 Herbie 打电话，但我只听到电话里的自动语音答复。我只好再次给他写邮件。

亲爱的 Herbie：

我并没有给你设置新的障碍，只是大家以前没有看到这个障碍而已，我想帮你跨越这个早已存在的障碍。没有"这一项免做"这一说法，所以我无法给你"豁免"信件。写一个热设计目标其实并不难，你还是尽快写一个吧。

让我来告诉你如何撰写热设计目标吧：

热设计目标

项目：头戴式收发器电源

电子元器件的温度极限：当系统在最恶劣的环境下运行时，电子元器件的最大允许温度。请参考良好设计准则中的热设计部分，具体见表2.5.1.1-2。

该表中没有包含的特殊温度极限还有：

1. 电源模块79.xxxx的散热器在任何运行条件下都不能超过85℃。这只是一个例子，还可以添加其他相关的内容。需要查看元器件列表，检查每个元器件是否有特殊的温度要求。良好设计准则只涉及产品的可靠性，至于系统在元器件温度较高的时候是否还能正常工作，这需要设计工程师通过测试来验证。

2. 为了避免操作人员被烫伤，设备手柄的表面温度不能超过70℃。这个也只是一个例子，系统设备可能还有其他的控制面板或手柄，我们当然也不希望操作员因为触碰到这类温度较高的设备表面而被烫伤。

3. 其他非电子元器件类材料的温度极限。印制电路板的典型工作温度不能超过105℃，当温度超过105℃时，树脂开始变糊状，从而无法保持层与层之间的距离（高温度等级的印制电路板除外）。此外，还要检查一下线缆和塑胶件的温度要求，如果温度过高，它们的化学属性可能会改变，甚至变软熔化。如果系统中有风扇，那么还需要考虑电动轴承中的润滑剂是否会因为温度过高而变干。类似种种，无法一一列举，需要根据产品要求对材料的温度极限进行定义。

这些就是热设计目标应该包含的内容。第一部分内容参考了良好设计准则中的表格，例如，表格中定义的存储元器件结温不能超过125℃。第二部分内容涉及上述表格中没有包含的部件。

你可以复制这封邮件内容，根据你的项目要求，编辑相关内容并打印出来。然后和 Sedona 设计团队开会讨论，如果你们觉得这个文档内容正确完整，那么就可以在热设计检查列表中勾选并将项目向前推进了。

我将邮件发送出去，还没到下午茶时间，我就收到了 Herbie 的另一封邮件。

热设计大叔：

对于你们这些在公司象牙塔的家伙来说，事情看起来总是很容易。只是填写一张表格，勾选一张热设计检查列表，花三天时间撰写一页纸的小报告。哦，不，本来对你而言只是写一封"豁免"邮件，一封微不足道的电子邮件而已。而你却好像拿着一把枪，逼迫我写一份整个公司以前从没有人写过的文档。

好吧，不勉强你了，我会写这份讨厌的文档。我已经复制了你邮件中提到的表格。这个项目中没有电源模块和紧急开关，所以我删除了这些内容。但是，有一个部件的工作温度我不知道该如何定义，因为良好设计准则中也没有提及这种部件。

我要说的是 HBU，你知道的，就是人脑单元。在项目第一阶段，我们将一个人放进一个大机柜里来代替 HBU，然后在他的头上贴很多的电线，由他接收来自远端的心灵感应信号。呃，

80

这是一个保密项目，我还是不要说太多了……

总之，我应该如何定义人体的温度极限呢？37℃？如果温度极限定义得过高，人会不会出汗或者中暑？我们这个项目很特殊，难道这个不应该作为特例而勾选"不适用"吗？

Herbie

我终于明白问题的症结所在。Herbie 想跳过这个热设计目标，并不是因为这个目标无关紧要，恰恰相反，如何定义热设计目标是这个项目中至关重要的一环。于是，我回复了 Herbie 的邮件。

Herbie：

这并非"不适用"，恰恰是非常适用，你一定要好好思考这个问题，这是整个热设计检查列表中最关键的一个环节。项目评审结束以后，我不会关心你是如何勾选检查列表的，别人也不会关心。但是，你将会制作样机，到那时你就会知道机柜里面是否很热，坐在里面的那个人是否受得了，他是否还能够专心接收心灵感应信号。你将不得不通过大量的测试来确定 HBU 的工作温度。实际上，我希望你现在能够认真确定这个温度极限，毕竟现在只是设计阶段，你可以避免在样机阶段通过反复测试来解决这个问题。

为了帮助你确定这个温度极限，我提供一些关于人体温度极限的估计值。这里提到的温度是指环境温度或房间温度，不是指人的体温。如果没有任何保护措施，人在5℃左右的低温环境下只能逗留几分钟。人能长期逗留的最低温度是15℃，长期逗留的最高温度是28℃。绝对最高温不能超过50℃，在50℃环境下，几分钟之后人或许就会昏过去，几小时之后可能就会死去。

人的最适宜生存温度可能是21℃，不过，人在稍微高一点的环境温度下可能会有更好的心灵感应性能。总之，你将不得不通过测试来找到 HBU 真正的温度极限。请注意，这些都是我的估计值，而且，我认为湿度也有可能对 HBU 的性能产生影响。如果你将来有任何测试结果，千万不要忘记告诉我啊！

就在我快要下班的时候，我又收到了 Herbie 的回复邮件：

我的英雄：

我收到了你最后一封邮件，正根据你的建议撰写热设计目标。我将 HBU 的工作温度极限定义为 5 ~ 50℃。谢谢你的帮助。祝圣诞节快乐！

Herbie

Herbie 知道如何利用有限的信息来撰写他的报告，这就是他在职场里如鱼得水的原因。而我在今后的日子里，不得不继续教他更多有关热设计的知识。Herbie 在热设计方面已经取得很大进步，他已经撰写了热设计目标文档，他可是 TeleLeap 公司第一个撰写这个文档的设计工程师啊！

很多年以来，TeleLeap 公司的工程师都是根据以往的经验来做热设计。工程师设计并制作样机，然后测试样机是否能够满足客户要求的工作环境温度。在很多项目上他们都非常幸运，没有发生大的热设计问题。他们根据这些经验定义一些参考设计准则，并取得了成功。但是，他们从来不会从成功的经验中学到东西。

在为数不多的一些项目中确实发生了热问题，有一些热问题还是在客户现场发生的。对于这些热问题，我们不得不想出一些短期有效的解决办法，甚至不得不进行昂贵的重新设计。发生几次这种情况之后，TeleLeap 公司的质量及仿真部门提出了良好设计准则，也叫作 G-D 准则（Good-design）。良好设计准则中的检查列表迫使工程师改变旧的设计流程，像 Herbie 这样的工程师在制作样机之前就不得不认真思考元器件的工作温度极限。

　　我也很讨厌设计检查列表和流程，但是，只有当热设计被带出神秘之地、设计工程师对一些热设计错误有一些认知之后，产品设计者的"人脑单元（HBU）"才不用被提醒去做这些繁琐的文档工作。

第十三章　错　误　数　据

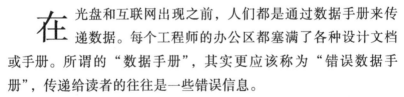

元器件的数据手册上写满了各种各样的数据，然而很多数据通常只在无关紧要的时刻才显得有用。就像我的测温手表，只在气温暖和的时候才稍显精准，当户外天气很热或是很冷的时候，温度读数往往错得离谱。

经验：用空气温度来定义元器件的工作温度极限，这个数据其实没有多大用处。

$\qquad$在光盘和互联网出现之前，人们都是通过数据手册来传递数据。每个工程师的办公区都塞满了各种设计文档或手册。所谓的"数据手册"，其实更应该称为"错误数据手册"，传递给读者的往往是一些错误信息。

尽管这些手册查阅方便，但是手册上的信息并不是很有用。摩托罗拉、NI 和其他元器件供应商给我们提供了高品质的电子元器件，他们并没有想欺骗客户，也没有故意将不准确的数据印在几十亿张像洋葱皮那么厚的纸上。他们只不过是遵循一定的工业标准测得一些数据，并将这些数据印在纸上。但是，这些手册上的某些数据只在我根本不关心的情况下才是正确的。

以 θ_{J-A} 为例，数据手册将 θ_{J-A} 定义为芯片结（Junction）到空气（Air）的热阻，如图 13-1 所示。当芯片的功耗和空气温度已知时，可以通过如下公式来计算芯片的结温 T_j：

$$T_j = T_A + Q(\theta_{J-A}) \qquad (13-1)$$

例如，从 TI 的数据手册《Advanced CMOS Logic》上可以查到，16 引脚采用 DIP 封装的元器件在静止空气条件下的 θ_{J-A} 为 110℃/W。假如该元器件的功耗为 0.5W，那么元器件的结温将比空气温度高 55℃。计算过程很简单，然而，太简单的事情却有可能是错误的。

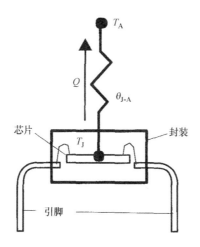

图 13-1　错误的数据来源于简单的芯片模型

这让我想起了我那块非常酷的 Chronik 牌温度腕表。因为我的中间名字是温度（Temperature），恰好我那块旧手表的闹钟-静音按钮也坏掉了，我太太认为这款能测温度的 Chronik 手表非常适合我，在她的好心建议下我买了一块。除了拥有所有数字手表都具有的"哔哔"声和指示灯功能之外，这块 Chronik 手表能够显示全世界各个城市的时间和温度。事实上它并不是真的知道这些城市当前的温度，这块手表内置一张表格，通过这张表格可以查询到当前月份各个城市的平均高温和低温。对于此刻不在这些城市的人而言，这些温度数据已经足够好了。比如，我的手表显示此刻莫斯科的气温是 –10℃。不管此刻莫斯科的真实气温是多少，–10℃对我而言已经足够好了，因为我不是很关心莫斯科的温度。只有当我在莫斯科的时候，我才会真正地关心这个城市的气温。这时候，手表将会做一些特殊的事情，手表内置一个温度传感器，可以测量实际的空气温度，并连续输出温度读数。

我的手表故事讲到这里，就和 $\theta_{\text{J-A}}$ 扯上关系了。因为温度传感器放置在手表内部，传感器只能测到手表本体的温度。Chronik牌手表的设计者并不是傻瓜，他们知道没人愿意购买一块只能测量本体温度的手表。显然，温度传感器测得的温度受到下面几个因素的影响：来自人手臂的热、手表内部电子元器件产生的热以及周围空气的温度。手表的产品手册上印着好几种语言文字，手册明白无误地告诉用户：来自于手臂的热的确会影响内置传感器对空气温度的测量，但是，手表的电子系统会对人体手臂的温度进行补偿，从而准确地测量空气温度。然而，人们还是经常会问同一个问题："手臂的热难道不会影响手表对空气温度的测量吗？"

我是这样回答他们的："手表会对测到的温度进行修正。"但是，我并不知道它是如何修正的。如果你想制作一个戴在手腕上并且能够精确测量空气温度的温度计，这个温度计的设计一定很复杂。Chronik 手表可以看时间，并且会发出"哔哔"声提醒用户什么时间该吃午餐，什么时间该洗澡。手表的售价只有59美元，这个价格可以说已经物有所值了。如果想在手表内部布置多个温度传感器并对温度进行有效修正，手表的成本应该会上升。我想，Chronik 手表内的芯片只是做了一些很简单的工作，比如在传感器测量的温度上减7℃或者乘以一个附加因子0.8等。

为什么这么说呢？当我在温暖舒适的房间里，手表的温度读数比较准。我将手表的温度读数与热电偶温度读数以及水银温度计的读数都做过比较，当室内的空气温度是 24℃ 时，Chronik 手表读数与仪表的读数相差不超过 1℃。但是当我来到户外，例如在科罗拉多沙漠中行走或者在黎明前铲雪的时候，我想要知道当时的空气温度，这样就可以跟我太太发发牢骚。然而，手表的温度读数总是错得离谱。

在太阳底下，黑色的手表比周围的空气甚至我的手臂都要热很多，手表的温度读数高达 49℃，这差不多是手表的最高读数了。手表肯定没有对太阳辐射效应进行补偿。在寒冷的天气里，手表的温度读数也往往偏高。我站在没膝的雪地里，盯着车库墙上的酒精温度计，此时的气温是 -2℃，然而我手表的温度读数却是 17℃。我手臂和空气的温差越大，手表的读数误差也越大。

现在让我们回到 θ_{J-A}，这是数据手册上提供的用来估算元器件结温的从芯片结到空气的热阻值。但是这个方法本身存在一些缺陷，所以不怎么实用。第一个缺陷就是假设周围环境温度 T_A 已知，然而，在哪里测量 T_A，其实并没有好的定义或线索。T_A 不可能是设备外的房间空气温度，因为元器件温度明显取决于元器件周围的空气温度，而设备机框内的空气温度变化相当大。如果将环境定义为元器件周围的空气，那么需要确定 T_A 测试点离元器件的距离。可是，该测试点应该在元器件的正上方、元器件的气流上游还是下游？事实上，这种"局部环境"很难定义。

半导体元器件制造商是这样定义环境温度的，如图 13-2 所示。将元器件焊接在测试板上，然后将测试板放置在环境温箱里。相对于一个很小的元器件而言，环境温箱内部空间足够大，因此，温箱内部的空气温度能够保持恒定并且温度分布均匀。温箱内空气温度就是元器件制造商定义的 T_A，θ_{J-A} 就是在这种与实际应用完全不同的条件下测量得到的。当测试板通电之后，可以测量元器件的结温、温箱内部空气温度以及元器件的功耗。根据式（13-1），可以计算 $\theta_{J\text{-}A}$ 的值。

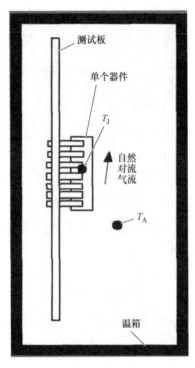

图 13-2　元器件制造商定义的环境温度 T_A

　　真实的电路板所处的系统环境与元器件制造商的测试环境完全不一样，例如，气流方向不一致，目标元器件周围的发热器件也不相同。图 13-3 是一块真实的电路板在系统中的空气等温线图。在不到 1in 的范围内，空气温度的梯度高达 60℃，哪一个位置的空气温度应该被视为 T_A 呢？

　　$\theta_{J\text{-}A}$ 的第二个缺陷是"静止空气"的假设。在元器件制造商的测试中，并没有风扇迫使空气流过测试板。尽管在真实的电子系统

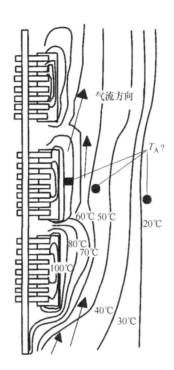

图 13-3 电路板附近的空气温度分布图

中，也有可能没有风扇，但是不能将系统中的空气定义为"静止空气"。因为系统中还有很多其他发热电子元器件，受热空气在浮升力的作用下会向上运动。真实系统中元器件周围的空气流速比元器件制造商测试板上方的空气流速大很多，空气流速越大，热交换越好，这意味着真实系统中元器件的结温会比用 θ_{J-A} 计算的结温低。

θ_{J-A} 还有其他的缺陷，比如 θ_{J-A} 的大小与测试板中铜含量有关；测试板也不是标准的 PCB，PCB 会因制造商不同而存在差异，这里就不详细阐述了。总之，θ_{J-A} 只是一个错误数据，用处并不大，也许在设计只有一个元器件的 PCB 时，θ_{J-A} 会有一些用处。

如果 θ_{J-A} 不可信，那么应该用什么方法来估计元器件的结温呢？

毕竟我不止一次告诫 Herbie，他应该用元器件的结温来评估系统的热设计优劣。有时候从元器件的数据手册中还可以查到另外一个数据 $\theta_{J\text{-}C}$，$\theta_{J\text{-}C}$ 是从元器件结核（T_J）到元器件封装表壳（T_C，Case Temperature）的热阻。当然，$\theta_{J\text{-}C}$ 也有一些自身的缺陷，等你长大几岁以后，我再慢慢告诉你。但它有一个显著的优点，即谁都知道应该在哪里测量 T_C。

第十四章　悲观是质量工具

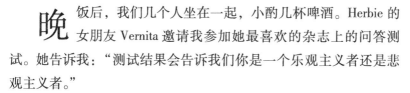

Herbie 和 Vlad 发现，两个风扇有时候并不比一个风扇凉快。

经验：两个并排安装的风扇，并不是总能提供冗余冷却。

晚饭后，我们几个人坐在一起，小酌几杯啤酒。Herbie 的女朋友 Vernita 邀请我参加她最喜欢的杂志上的问答测试。她告诉我："测试结果会告诉我们你是一个乐观主义者还是悲观主义者。"

我说："我已经知道自己是一个悲观主义者。"

Vernita 只好说："好吧。不过，这篇文章还会告诉你，怎样才能变成乐观主义者。"

"可是，我很开心自己是一名悲观主义者，我为什么要改变自己呢？"

Herbie 盯着他酒杯里的啤酒，说道："你怎么能说自己开心呢？同样是这杯啤酒，作为悲观主义者的你会苦恼地说'真糟糕，怎么空了一大半啊'，而我们乐观主义者却会感觉很开心'真好，还有一大半杯啤酒可以喝呀'。"

"悲观的人会如何处理这半杯啤酒的问题？我通常会把它加满！"我抓起啤酒瓶，先把我的杯子加满，然后再把 Herbie 和 Vernita 的杯子加满，"这就是悲观主义者的行动。"

Herbie 这次特意邀请我共进晚餐，主要是感谢我在 Sedona（美国亚利桑那州北部的一个小城镇，这里被认为具有超自然灵性，被印第安人封为圣地）帮他的头戴式收发器项目中的 HBU 做了热测试。你可能还记得 HBU，第一阶段的 HBU 其实就是一个人，大家都叫他 Vlad。Vlad 坐在机柜里的椅子上，有一大把电线贴在他的头上。Herbie 想请我往 Vlad 头上贴热电偶。要知道，Vlad 对每天都要清理头上一大把电线已经非常不开心了。想要在他头上继续贴热电偶线，他肯定不乐意。

悲观是一种有用的设计工具。"做最坏的打算，你永远不会失望。"这是我的座右铭。我这种悲观情绪或许应该称为建设性悲观主义。读者朋友，请别把我误解为那些只会抱怨世界是一个糟糕的地方的人。我与那些人不同，尽管我也觉得这世界上有很多事情不太好，但我却希望能找到方法去避免这些不好的事情。

对于风扇冷却系统，良好设计准则中的热设计检查列表有下面的一个检查项目：

"在最恶劣的运行条件下，当一个风扇失效时，系统发生的最糟糕的事情是什么？"

作为一个悲观主义者，我非常庆幸列表中有这样一个问题。当风扇失效时，你不得不对系统在最恶劣的条件下可能发生的情况做好应对准备。市面上的风扇的连续运行时间通常在 2 万 ~ 10 万 h 之间，也就是 2 ~ 11 年。作为一个悲观主义者，我假设风扇的寿命只有 2 年。在今天疯狂的市场上，2 年时间远远不能达到通信产品的寿命要求。不仅如此，风扇的失效曲线与灯泡的非常相像，也就是说风扇随时都有可能发生故障。有些风扇是立即失效，有些是 90 天以后失效，有些是 1 年以后，还有的可能是 20 或 30 年以后。风扇和灯泡有很多相似的地方，包括它们都是耗散品，在任何时候都有可能需要更换，风扇和灯泡都容易更换。

有时候工程师不清楚该如何回答这个问题。Herbie 认为他的系统在一个风扇失效时不会有什么麻烦，但是在接下来的测试中，我们发现，Herbie 处理风扇失效的策略存在一些问题。这些问题产生的根源在于设计产品时所持的乐观态度。

A 版 HBU 并没有机柜，Vlad 只是坐在普通房间里的一张椅子上，因为脑电波信号受到了太多的干扰，Vlad 无法正常工作。B 版 HBU 做了一些改变，将 Vlad 和他的椅子移到一个密封的机柜里，机柜类似于那种 1 美元拍三张照片的照相亭，机柜内壁贴有一种防止脑电波信号穿透的材料，我猜这种材料有可能是报纸之类的东西。几分钟之后，C 版 HBU 出现了，他们不得不在 B 版的墙壁上为 Vlad 开一些通风孔。D 版 HBU 则将电源和无线电收发器安装在 Vlad 的座椅上，整个机柜的热量大约增加了 500W，Vlad 开始大汗淋漓。于是 E 版 HBU 出现了，在机柜背面的墙上安装了一个 100CFM 的风扇。

前期的热测试显示，E 版 HBU 散热性能不错，但是，风扇迟早会发生故障，Herbie 觉得有必要进一步提高 HBU 的可靠性。E 版 HBU 系统的预估可靠性指标非常好，当然，计算可靠性指标时将 Vlad 的寿命设定为 72 年并不一定合理。Herbie 提高系统可靠性的策略非常简单，那就是增加一个风扇，并且在软件上添加了风扇故障报警功能。Herbie 是这么想的，E 版 HBU 热测试表明一个风扇能够提供足够的冷却能力，显然，两个并排放置的风扇将会使整个系统变得更凉快，如图 14-1 所示。如果一个风扇坏了，剩下的那个风扇仍然能够维持系统的冷却能力，直到现场维护人员来替换有故障的风扇。风扇故障报警会提醒现场维护人员尽快维修，剩下的那个正常风扇在维修期间也发生故障的可能性非常低。因此，整个系统会得到持续不断的冷却。

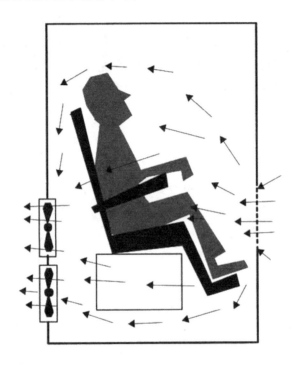

图 14-1　当两个风扇同时工作的时候，Vlad 觉得更凉快

　　第二天我们花了半天的时间给 E 版 HBU 贴热电偶线。经过反复讨论，Vlad 终于允许我们在他的胳肢窝下布置一根热电偶线。我们将 Vlad 请进机柜里，打开电源开关，启动心灵感应信号循环测试。我们观察数据采集仪上的温度曲线。1h 以后，温度稳定下来了，Herbie 咧嘴笑道："看起来测试数据比我在热设计目标里设定的温度极限要低啊！"Herbie 自豪地朝我挥动着手中的文档。

　　"好吧，"我对 Herbie 说："现在让我们拔出一个风扇看看。"

"没必要做这个测试吧，"Herbie 告诉我："去年秋天我们已经测过只有一个风扇的 HBU，结果显示温度正常。如果我们拔出一个风扇，测到的温度肯定会上升一点儿。但是我们已经知道，一个风扇能够满足 HBU 的冷却要求。"

"让我们看看拔出一个风扇会发生什么情况，"我感觉有必要测试一下风扇的冗余功能。Herbie 嘟嘟囔囔地抱怨了几声，不情愿地来到机柜后面，准备拔出一个风扇。

"糟糕！看起来我们需要修改一下这里的设计。"隐隐约约传来了 Herbie 骂人的声音："风扇拔不出来，风扇的电线连接到机柜里面的电源上了，我需要从机箱里面将电线断开。"

为了让测试能够继续进行下去，Herbie 从机柜外面剪断了风扇的电源线。这时，数据采集仪上显示的温度曲线开始向上爬升。Herbie 对我说："你看，我早就告诉你温度会上升一点儿。"紧接着，机柜的 LED 亮起了红灯，系统显示了一条信息：一个风扇发生故障！

几分钟之后，机柜内有一个电源比另外一个电源热很多，这个电源最终触发了过热保护开关并停止工作，剩下的那个电源突然要承担双倍负载，其内部电子元器件的温度急剧上升。正当这个电源也快接近热保护的时候，我注意到 Vlad 腋窝下的温度突然上升了 5℃，并听到机柜里有尼龙裤子撕裂的声音。原来 Vlad 的椅子被电源烤得很热，Vlad 难受极了，不停拍打着机柜墙壁，似乎要冲出来。

经过一番努力，我们终于找到问题的症结。当 Herbie 在机柜后壁添加一个风扇时，他同时也在此风扇位置添加了一个洞口，以便空气流过，如图 14-2 所示。当这个风扇发生故障时，这个洞口不再是风扇的出风口，而是一个漏风的大孔。空气本应该从机柜前面的小进风孔进入，并流过 Vlad 以及他座位下的电源和收发器，此时，空气却直接从故障风扇的洞口进入，并从正常运转的风扇处直接流出系统，流经 Vlad 和电源的气流急剧减少。靠近正常运转风扇的那个电源仍有一些气流经过，这就是为什么一个电源比另外一个电源温度低一些，但最终两个电源都因为冷却不足而导致系统关机。

图 14-2　有时候两个风扇并不比一个风扇凉快

Vlad 受的伤不是很严重，但是在当天下午召开的会议上，Vlad 成了讨论的焦点。项目经理首先发问："为什么把 Vlad 的椅子当作散热器？"

Herbie 解释说："良好设计准则推荐将热的元器件安装在机框上，为了让电源工作，我们将椅子当作它的散热器。只有当一个电源承担全部负载时，椅子才会变得很烫。风扇失效，这是一个双重故障条件。至少以前我们是这么想的。"

　　Vlad 很不高兴，威胁要离开这个项目组并带走其他 7 位心灵感应者。心灵感应通信项目的未来处于极度危险之中。大家纷纷提出设计变更建议，比如增加更多的风扇，提高风扇的间距，插入导风板，开更大的进风孔以及挪动电源的位置。房间里每个人似乎一下子都知道机柜原本应该如何设计。分配好会后的任务，时间已经很晚了，大家一起去吃了晚餐。

　　这是一顿非常安静的晚餐。临近结束的时候，Herbie 掏出那张皱巴巴的热设计检查列表，大声朗读："'在最恶劣的运行条件下，当一个风扇失效时，系统发生的最糟糕的事情是什么？'我原以为这个系统不会因风扇失效而产生什么热问题，但是，我没想到最终因为风扇失效而使整个项目受到这么大的挫折。"

　　我盯着我那半杯啤酒，问 Herbie 和他的女友："你们还想做那个判定悲观主义者和乐观主义者的测试吗？"

第十五章　风儿吹啊吹

传热学中的伪科学和误解来自于哪里呢？应该
是始于电视天气预报和所谓的"寒风指数"。
经验：强制对流换热方程。

我最不喜欢的季节就是冬天，冬天时节的伊利诺伊州到处都是烂泥地，而且，我很讨厌冬天时段的天气预报，尤其是它播报的所谓"寒风指数"。当 Tommy Temperate 在电视上谈论"寒风指数"时，我很不以为然，我的感觉如同一位英文老师，明明学生想说的是"Hopefully"，结果却听到他说"Irregardless[⊖]"。为什么我如此讨厌"寒风指数"呢？

首先，"寒风指数"其实并不是一个指数。就好像狗的年龄因子 7 一样，如果狗的实际年龄是 3 岁，那么用 3 乘以 7 就得到狗相对于人的年龄 21 岁。回到天气话题，天气预报员说今天 12℃，寒风指数 –10℃。–10℃其实不是一个指数，而是对实际温度 12℃应

⊖　Irregardless 这个词在英文语法里是错误表述。——译者注

用寒冷修正因子计算的结果。他们不告诉你寒冷修正因子，仅仅给出修正后的结果。

其次，"寒风指数"并不是基于传热理论，而仅仅是出于电视评级考虑。预报的温度越低，则观看天气预报的观众会越多。因此，"寒风指数"只是为了让电视吸引更多的观众，除此之外，没有多大用处。

本书第三章中提到，环境温箱自带的风扇会导致错误的温度测试数据，这里的寒风指数跟那个例子有点类似。寒风的本意是，当有风吹在身上时，人会感觉比无风时更冷。人体的感官不会骗人。事实上，人体神经末梢感应的不是温度，而是皮肤与空气的换热量。当风吹过人体时，空气的温度并没有改变，但是人体皮肤的散热能力改变了。换热量可由以下公式计算：

$$Q = hA(T_{skin} - T_{air}) \tag{15-1}$$

式中　Q——皮肤在单位时间内的热量损失；

　　　A——暴露在空气中的皮肤的表面积；

　　T_{skin}——皮肤表面的温度；

　　T_{air}——空气温度；

　　　h——换热系数或修正因子，与流过皮肤表面的空气速度成正比。

空气流速越大，h越大。在一定的空气温度条件下，h越大，皮肤的热量损失则越大。因此，当风吹得越猛烈，你会感觉越冷，如图15-1所示。式（15-1）是傅里叶和牛顿推导出来的，这个公式的应用时间比天气预报中的传热伪科学要长得多，因此这个公式更令人信服。

这个公式还有一个不明显的特征，皮肤损失热量的多少取决于皮肤和空气的温度差。当皮肤被冷却到和空气温度相同［即 $T_{skin} - T_{air} = 0$］时，皮肤的热量损失也变为0。也就是说，无论风刮得有多猛，皮肤能够达到的最低温度也就是空气温度。

图 15-1 A 是暴露在空气中的皮肤表面积

下面是两个小测验，你可以用换热公式对直接从天气预报中获得的信息进行分析。

问题 1：你听到的是天气频道，现在是 1 月份。明天将是多云天气，晚上气温为 38°F（3.3℃）。风将会刮得很猛烈，天气频道报道的寒风指数是晚上 10°F（−12.2℃）。当你爬上床时，你突然记起狗的水盘还在后院。水的结冰温度是 32°F（0℃），并且，你不希望那个有 Fido（百事公司 1987 年为自己的品牌七喜设计的一个卡通形象代言人）亲笔签名的水盘因为盘中的水结冰而破裂。请问，你会起床将水盘拿进家里来过夜吗？

问题 2：十字路口的交警、电视上的天气预报员以及妈妈们总是提醒我们，冬天外出时要戴好帽子、裹好围巾，因为人体有 50% 的热量是通过头和脖子散发出去了。当你只穿着外套和皮靴没戴帽子站在公交车站等车，与只戴帽子裹围巾而光着身子站在那里，两种情况下是一样暖和吗？

问题 1 的答案： 如果天气频道的预测是准确的，那么空气和水的温度不会低于 38℉（3.3℃）。如果空气温度高于 32℉（0℃），那么即使寒风指数是 –20℉（–29℃），水盘里的水也不会结冰。有聪明的家伙可能会问到辐射换热损失的问题，因为这里是多云天气，所以我现在先跳过这个问题。

电视台的天气理论预测的是什么温度呢？电视台是这么做的：先用仪表测量平均风速和空气温度，然后根据测量数据查询图表获得寒风指数温度 T_{WC}，他们使用的图表如图 15-2 所示。

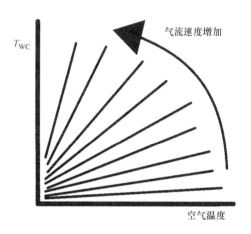

图 15-2 电视台使用的寒风指数图

电视台使用如下公式计算皮肤表面的热量损失：

$$Q = KA(T_{\mathrm{skin}} - T_{\mathrm{WC}}) \qquad (15\text{-}2)$$

在这个"电视台换热"公式中，K 是一种转化因子，其作用是使公式两边的单位一致。这个公式抛弃了对流换热系数 h。为了弥补这一点，使用"修正"温度代替实际的空气温度。这个方法导致一种误解：身体能达到的最低温度是寒风指数温度。正是因为这个误解，我们在冬天可以看到一个奇怪的现象，由于寒风指数温度远远低于 32℉（0℃），人们在晚上会用厚厚的毛毯盖在汽车发动机上，以免汽车发动机被冻坏。

或许我应该解释一下，将毛毯盖在汽车发动机上保温纯粹是浪费时间。从直觉上看，毛毯似乎会有帮助。毕竟，我们用毛毯把自己包裹起来，会感觉很暖和，尤其是当风刮得很猛烈的时候。既然毛毯可以使我们的皮肤免受寒风的影响，为什么毛毯却无法保护汽车发动机呢？

再次回到换热公式，当我们用毛毯包裹住皮肤，实际上是减小了暴露在空气中的皮肤表面积 A，所以热量损失的速度降低了。这是好事情，毛毯可以使皮肤减少热量损失，从而维持一个正常的接近 98 ℉（36.7℃）的温度。

但是汽车发动机和人体不一样，当你关闭发动机后，发动机立即停止产生热量。几分钟之后，发动机几乎降至与空气一样的温度。将毛毯盖在发动机上或许能防止发动机温度下降到那个听起来很恐怖的寒风指数温度，除此之外，毛毯什么事情也做不了。一旦发动机达到真实的空气温度，无论你是否加盖毛毯，发动机的温度再也不会下降了。如果发动机一直在发动，情况就大不一样了。不过，Herbie 上次在发动机运行的时候加盖毛毯，毛毯被发动机传动带勾住了，导致了发动机熄火。

我应该抱怨电视台，为什么他们没有创造一个热风指数温度（Windburn Factor）呢？人舌头下的正常体温是 99 ℉（37.2℃），皮肤的温度稍微低一些，大约 90 ℉（32.2℃）。在夏天，空气的温度经常超过 90 ℉（32.2℃），意味着空气温度比人体皮肤温度要高，空气热量通过皮肤进入身体。换热方程在这里同样适用，热风吹得越快，进入人体的热量越多，人会感觉越热。难道不应该有一个热风指数温度来提醒人们盖住自己以免受到热浪的冲击吗？

幸运的是，当气温很高的时候，人会通过出汗或者呼气的方式排出从外部空气吸收的热量。热风吹得越快，出汗蒸发散热效果越好，因此，热风指数效应更多地被腋下出汗给抵消了。当然，如果空气的相对湿度接近100%时，人体的汗液蒸发会受到抑制。假如电子元器件也能出汗的话，这个话题值得继续讨论下去。

希望读者朋友能从以上长篇大论中有所收获，不再被天气预报的寒风指数误导。换热方程已经是我的朋友了，它也一定可以成为你们的朋友。Van Allen 博士是地球周围辐射带的发现者。有一天，一个记者好奇地问他，Van Allen 辐射带对地球上的人类有什么实际用途。他回答道："到目前为止，我靠它已经活得很好了啊！"

这个换热公式，除了对计算温度和换热量有用之外，也传达了一些电子设备空气冷却的基本概念。

- 热量从高温物体向低温物体传递。如果空气温度比电子元器件的温度高，无论在系统上安装多大的风扇，也无法将热量从电子元器件上带走。这看起来是一件显而易见的事情，但是 Herbie 的老板曾经问过我这样一个问题：机框的环境温度是50℃，用多大的散热器可以将 Cyclone 芯片的温度冷却至45℃？我告诉他，这个散热器可能会很大，直到它的一端可以延伸到电冰箱里。

- 气流速度越大，换热效果越好。通常，在系统里安装一个风扇，所有电子元器件的温度都会比无风扇时低。但是，不要忘记热风指数。例如，有一些诸如电容的低功耗器件，恰好在电源模块的下游。如果电源模块的功耗很大，它会将空气的温度加热到超过电容本身的温度。那么问题来了，热量将由空气向电容传递。气流速度越大，则电容会变得越热。

- 暴露在空气中的表面积越大，散热效果越好。如果你想将电子元器件的热量散发出去，千万不要用毛毯将电子元器件包裹起来，或者将子卡和主卡布置得太近。

问题2的答案：关于问题2，毋庸置疑，妈妈们是对的，你应该戴好帽子、裹好围巾之后再出门。但是，需要澄清的是，妈妈们说的从头上散去的热量占比达到50%，是假设你已经穿好衣裤、靴子及手套，从头上散发的热量与从热绝缘的衣裤上散发的热量相等。而且，当头部变得很冷的时候，人体会通过血液循环从胸、手臂和腿等部位抢夺更多的热量输送到头部，以保持头部暖和。但是，头部温度越高，散失的热量越多。当然，将这个与电子元器件冷却进行类比有点不合适。因此，还是请您在冬天时节戴上帽子吧！

第十六章　热电偶：最简单的
测量温度的方法，却可能
测出错误的数据

热电偶是最可靠和最准确的测量温度的方法。
然而，如果你像 Herbie 那样使用热电偶的话，热
电偶也可能测出错误的数据。

经验：热电偶有可能不能正常工作。

如果没有烟花，7 月 4 日的美国独立日该怎样庆祝呢？

Herbie 是实验室里的常客，上周他还拿了一个新模块到
环境实验室做 UL 测试。这个模块是研发中心在回波消除技术方面
开发的新产品。将所有的回波丢掉似乎对环境并不好，于是他们在
产品中整合了一个新的芯片，这颗芯片能够从电话中剥离回波并且
保存下来，然后将回波发送到那些特别需要二手的、扭曲的信息的
地方，比如互联网。

UL 测试项目中有一项是测试电子元器件的温度，例如变压器
在改变电压或短路时的温度。为了做这次测试，Herbie 从我这儿借

了我最喜欢的数据采集仪以及一些热电偶线。他用胶水将热电偶线
的一端黏贴在 UL 工程师指定的电子元器件上，将热电偶线的另外
一端连接在数据采集仪上，然后打开电源开关。这时候，我接到了
他的第一个电话。

"你的数据采集仪失控了！" Herbie 在电话中大叫。我想我能听
到电话那边的烟雾报警的声音，于是我赶紧朝实验室奔过去。

我来到实验室，所有设备都关掉了。UL 测试工程师对我直皱
眉头，他担心午餐前无法做完这项测试。我对 Herbie 说："你演示
一下，让我看看哪里出错了。"

Herbie 打开数据采集仪的电源开关。采集仪开始启动，发出了
轻微的声音，LED 屏幕上显示了一个合理的温度读数。我轻松地拍
了拍数据采集仪。

"嗯，似乎好了。" Herbie 问我："你一定对它做了什么吧？"

Herbie 接着打开回波回收模块的电源开关。数据采集仪立即发
出"嘟嘟"的摩斯密码声音，温度显示盘上闪烁着"666"，打印
机开始吐出纸带，上面打印着乱七八糟的符号。我按下实验桌上的
主电路开关按钮，所有设备都停了下来。

我的数据采集仪是好的，并没有失控。数据采集仪屏幕闪烁，
其实是救了 Herbie，他不至于采集一些错误的温度数据。为了解释
这个神秘的现象，有必要先介绍一些热电偶的知识。

Seebeck 和 Peltier 两个人曾经发现了一个晦涩难懂的物理现象。
Seebeck 观察到，用两种不同的金属⊖导线组成一个闭环电路，如
图 16-1 所示。当加热一个焊接点同时冷却另外一个焊接点时，在
电路中会产生一个毫伏量级的电压。Peltier 则发现，给这个闭环电
路施加一个很小的电压时，其中一个焊接点会变热，另外一个焊接

⊖　在他那个年代，两种金属可能分别是铁和锡。——作者注

点则会变冷。第三个人 Kelvin 爵士最后发现，这个闭环电路中的电压与两个焊接点的温度差成正比。

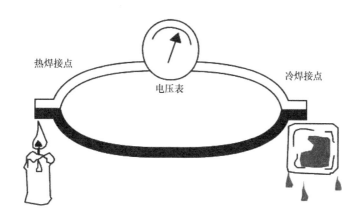

图 16-1 焊接在一起的两种金属导线 + 两个焊接点
存在温度差 = 金属导线闭环电路产生电流

有了这些知识，我们可以制作简单的温度计。将一张胶带纸贴在电压表刻度上，在纸上画一个新的刻度，只不过新刻度的单位是摄氏度而不是毫伏。事实上没有这么简单，尤其是制作精确的温度计。但是制作原理相同：为了测量温度，我们需要先测出电压。

Herbie 从我这里借走的温度计本质上是一个电压表，这个电压表非常灵敏。他将热电偶线的焊接点（为了保持良好的热接触，焊接点通常是裸露的金属）直接粘在一个闭环电路中的变压器绕组上。显然变压器绕组只是涂了一层油漆，绝缘性能并不好，90 ~ 100V 电压加在热电偶线上并进入到数据采集仪。数据采集仪的检测电路仅能检测 20mV 或 30mV 的电压信号，对于骤然增大至 100V 的电压，检测电路无法正常工作，会直接在采集仪屏幕上显示闪烁警报信息。

通过排除法，我们找到出问题的热电偶线。为了解决这个问题，我们在热电偶线和变压器绕组之间贴一小片厚度为 0.001in（0.0254mm）的聚酰亚胺胶带。杜邦公司的 Kapton 胶带就是这种类型的胶带，0.001in 厚的 Kapton 胶带可以耐受 7000V 的电压。胶带的厚度很薄，因此引入的温度测量误差也很小。

需要记住的经验

很多人认为热电偶是在测量温度，实际上它测量的是电压。当你将热电偶线贴近某个电压源时，可能会有超出你想象的电压进入热电偶。像刚刚讲的这个例子，100V 的电压进入到采集仪并不是最糟糕的事情，至少采集仪能够显示闪烁的数字，使你觉察到测试数据并不可信。还有可能电压进入你的热电偶，却并不会显示一个跳动的温度数字，而是显示一个错误的温度值。例如，将热电偶线粘在 5V 的 TO-220 封装器件引脚上时，有可能会有一个很小的电流通过热电偶线进入到采集仪。热电偶是由两种不同的金属导线焊接而成，不同金属导线的电阻有差异。当电流经过两种不同的电阻时，两个电阻之间会产生电压差。然而，温度仪表测量的正是热电偶两根导线之间的微小电压，仪表会将这个微小电压解读为一个温度值，可惜这个值并不是我们要测量的温度。例如，元器件的实际温度可能是 30℃，温度仪表显示的却是 100℃；还有更糟糕的，元器件实际温度可能是 100℃，而仪表读数却是 30℃。下面是一些避免上述电压/温度错误读数的方法：

• 不要将热电偶线直接贴在带电的物体表面（有些带电的物体并非显而易见）。

• 使用温度仪表时，在测试点与温度仪表（含热电偶线）之间需要贴电绝缘胶带，这样做可以防止被测试电路经由热电偶线接地。

- 通过关闭电子设备来检测是否有奇怪电压进入热电偶线，如果有很大的温度变化，则说明有奇怪电压进入热电偶线[⊖]。
- 不要试图在午饭或周末之前完成一次温度测试。

最后一条尤为重要。这是为什么我之前要说，这些是我们需要记住的经验。因为，在我帮 Herbie 解决了电压问题以后，我回到办公室着手修订良好设计准则，此时，真正的起火事故开始发生。

Herbie 做完了温度测试之后，他觉得午饭前还能挤出时间做另外一个测试。这是一个介电强度试验，在产品的各个部位施加 1400V 的电压，测试产品是否有足够的电绝缘性能来避免被击穿接地。这是一个重要测试，因为这个测试可以防止我们因为接触诸如台灯、面包烤箱及吸尘器等家电而触电身亡。测试本身没有问题，唯一的问题就是测试太匆忙了。Herbie 快速接上 1400V 电源，但是他忘记移除热电偶线，甚至忘记关闭数据采集仪。1400V 的高电压确实找到了一条接地的路径，也就是经由热电偶线到达采集仪的电源，最后经过 AC 电源线到地。

刚开始 Herbie 并不知道发生了什么事情，因为没有明显的爆炸声音，只有介电测试设备发出轻微的"嘟嘟"声，显示电绝缘系统被击穿了。紧接着，Herbie 闻到烟味从温度采集仪飘过来。他意识到出事了，于是，他给我打了第二个电话。

温度采集仪再也不是之前那台设备了，虽然没有完全损坏，但它在工作的时候会发出类似口吃的声音，并出现轻微的抽搐。我安抚悲伤的唯一方式就是把这件事记录下来，并且不断唠叨："我永远，永远，不会再借设备给 Herbie 了。"

⊖　当然，关闭电子设备会造成热电偶温度小幅下降，但绝不会有 100℃/5s 的降温幅度。——作者注

第十七章　CFD 图片很漂亮

计算机仿真能够在电子设备样机出来之前预测其内部电子元器件的温度，并且可以达到较高的预测精度。

经验：需要更多关于计算流体动力学（CFD）的知识。

> "进去的是垃圾，出来的也是垃圾。"——爱发脾气的 Oscar

ThermaNator 软件在几个项目中得到成功应用之后，热仿真在我们公司就像肥料堆中的漆树一样，成长速度极快。每个新项目计划中都包含有"热仿真"这一项任务。我不得不给所有项目经理发出一份备忘录，提出如下善意的警告：我完成一个项目热仿真的时间通常是一周，在开始做仿真之前，还需要电路设计工程师花几周的时间帮我收集热仿真需要的输入数据。为了更好地阐明我的观点，我在备忘录中还讲述了下面这个故事。

Herbie 心情很不好，对我说出了他的真实想法："我们项目经理说，今后所有的新板卡都需要提前做热仿真。我不介意让你变得更忙，但是，我不明白为什么需要对新板卡做热仿真。在心理系统交换模块 PSI（Psychic System Interchange）项目上，你做的热仿真并不完美，对吧？"

"哦，是的。"我回答 Herbie："人脑单元 HBU 的 PSI 模块确实有一个芯片出了热问题。"之前我用 ThermaNator 软件对这个模块的不同电路布局做了很多热仿真工作。PSI 模块整合了三个定制的高功耗 VLSI 芯片（芯片代码分别是 Id、Ego 和 Superego），没有这三个芯片，系统将无法正常工作。而且，系统要求将这三个芯片尽量靠得很近，而我却不得不反复移动三个芯片的位置，并且尝试各种各样的散热器，最终勉强找到合乎要求的散热器。之后 Herbie 制作了 PSI 样机，我在样机上测量了 PSI 内部元器件的温度。

我对 Herbie 说："我记得那三个主要芯片的实测值与 ThermaNator 软件预测值只有不到5℃的差异。我正考虑根据这个项目的经验撰写一篇论文，向 ThermaNator 国际用户大会投稿呢！"

Herbie 双手合抱在胸前，对我说："你记得向他们提一下 AC11244 芯片。这颗芯片在你的仿真图像里根本没有出现亮点，可是用你的红外热像仪检测，这颗芯片非常热，几乎要在 PCB 中烧出一个洞来！"

"我明白你为什么对此一直耿耿于怀，因为你当时不得不重新制作一块 PCB，以便解决这颗芯片的过热问题。"

Herbie 咧嘴笑了，好像刚中了一张八轨磁带机的奖券一样。"你说做这些仿真有什么用呢？我只需要做一个样机，测量一下温度，然后再做一块 PCB，就可以解决所有的热问题了。"

我回答 Herbie："我可以从三个方面来解释这件事情。第一，我确实要承担部分责任；第二，我可以把全部责任都推到你身上，但这于事无补；第三，我可以说，'发生什么事情了？或许我们可以想想，下次如何做才能得到更好的仿真结果。'你选择哪个呢？"

Herbie 听了后什么也没说，于是我从第三方面来解释。做热仿真，首先要收集电路板的所有信息，比如物料清单（元器件的种类及数量）、机构图样以及元器件的规格。其次，要对所收集的信息进行删减，但是不能删除任何重要信息。

热仿真是对物理现实的简化。一个电路板可能包含 1000 个元器件，热仿真没办法把所有的元器件都包含进去，而且也没必要。如图 17-1 所示，这 1000 个元器件大部分都是小的电容和电阻器件，它们发出的热量就好像狗身上的跳蚤一样，本身不会变热，也不会对电路板上其他器件进行加热。电路板上大部分热量来自于 10~20 个元器件，我们需要知道这些元器件的温度，因为它们才是产生所有热问题的根源。

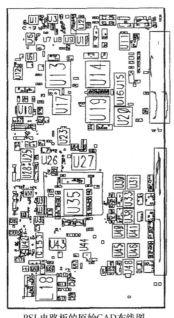
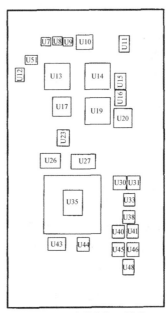

PSI 电路板的原始 CAD 布线图　　　　ThermaNator 中简化的 PSI 模型

图 17-1　CFD 不能处理真实电路板中的所有细节

对信息进行删减可以分为三个步骤：第一步，从物料清单BOM（Bill of Material）中挑出高功耗的元器件；第二步，挑出对温度敏感的元器件，例如晶体振荡器，这些元器件可能不会产生很大的热量，但是它们的工作温度极限较低，所以需要知道它们在电路板上的温度；第三步，剔除所有其他的元器件，可以开始做热仿真了。

Herbie 提到的 AC11244 芯片是怎么被忽略的呢？事实上，我在物料清单里见到过这颗芯片，在将它剔除之前，我其实做了一些额外的工作。我并不知道它的功耗，我的背景和所受的教育只是机械工程，包括蒸汽机、脏指甲以及钢头鞋。对我而言，每个电子元器件看上去都是电阻，电流进入元器件，元器件产生热，电路原理图就像是无法解读的机票价格表。我四处查找，终于发现另外一个项目的热仿真中用到了一颗相同的芯片，在那个项目里该芯片的功耗只有 0.1W，所以我沿用了这个功耗数据。

0.1W 相对电路板上的 1.7W Ego 芯片而言简直是微不足道。于是，我决定在热仿真模型里忽略 AC11244。我将有疑问的电子元器件列表（不含 AC11244）发给 Herbie，他为每个元器件标上功耗值。我将这些功耗数据输入到 ThermaNator 模型中，运行几个小时后，ThermaNator 软件输出了漂亮的温度云图，仿真出来的温度数据看上去毫无问题。基于这些热仿真结果，Herbie 开始制作样机。当我们用红外热像仪拍摄样机电路板的温度图像，与之前的热仿真温度云图进行比对，我们发现了一个很明显的差异。在样机电路板的左上角，红外热像仪拍摄到一个红色的光斑，对应的电子元器件就是 AC11244。

Herbie 说："如果你当时问我，我肯定会告诉你，这颗芯片的功耗是 0.9W，而不是 0.1W！"

我反驳他："如果你早知道它的功耗是 0.9W，为什么不第一时间通知我呢?"

Herbie 几度欲言又止,最后不得不坦率地承认:"我当时并不知道它的功耗是 0.9W。如果你问我,我可以算出它的功耗是 0.9W。这个计算并不难,只需要知道它的时钟频率、使用的门电路数量等。我们经常使用这颗芯片,在典型的低频率应用当中,它的功耗并不大。在 10MHz 时,它的功耗只有 0.1W,但是当频率上升到 66MHz 时,它的功耗上升 6.6 倍,大约是 0.9W。我当时并没有考虑这么多。"

"我们在这个问题上出现了沟通失误,我没有问,你也没有告诉我。我开始意识到,不管 ThermaNator 手册上如何说,热仿真并不是一键式操作。没有数据库可以查询元器件的功耗。元器件的功耗与它在电路上的应用有关,一定需要有人坐下来计算元器件的功耗值。你没有计算它的功耗,所以我估计了一个值,而且估计得过低。这件事情说明,这不是一种正确对待元器件功耗的方式。"

Herbie 一下子眼睛亮了:"因此,这都是你的错!"

"这是'人为错误',对吧?重点是,只有输入一个正确的功耗值,ThermaNator 软件才有机会预测一个相对准确的温度值。你还记得那个换热方程吗?"

$$Q = hA(T_1 - T_2) \tag{17-1}$$

换一种表达方式:

$$\Delta \text{Temperature} = \text{Power}/(h \times \text{Area}) \tag{17-2}$$

"这个看起来有点熟悉," Herbie 说:"但是我一见到这个三角形总是很困惑。"

"这个三角形是 Delta,以 D 开头,代表差值。Delta$T$ 表示元器件和流经元器件的空气温度的差值。这个方程是传热学十大戒律之一。即使你不用这个方程来做计算,它也能够告诉你有哪些因素会对温度产生影响。式(17-2)右边有三项:Power、h 和 Area。

ThermaNator 软件会自动计算对流换热系数 h，但是需要定义功耗 Power 和表面积 Area。Area 是元器件和电路板的表面积，通常可以从电路板图样中获取。Power 是每个元器件产生的热，预测温度的精度直接取决于输入功耗的准确性。如果输入功耗有 10% 的误差，预测的温度亦可能产生 10% 的误差。如果功耗数据有 900% 的误差，比如 AC11244 芯片，那么就有可能得到 900% 的温度预测误差。在我们的案例中，我将 AC11244 的功耗值视为 0，因为它的功耗是如此之低以至于可以被忽略。

Herbie 抱怨道："但是，热设计是你的本职工作啊。"

"是的，但是我希望你能明白，我做热仿真之前需要你做一些额外的工作。"

Herbie 叫道："额外的工作？我已经够忙的了。"

"下面是我刚刚想出来的热仿真新流程：热仿真相关的问题需要找最可能知道正确答案的人来回答。我将负责回答机框气流相关的问题。由于元器件的功耗与其在电路中的应用有关，所以应该由电路设计者也就是你来提供元器件的功耗值。你觉得如何？"

Herbie 说："我更喜欢以前的做法，我提供给你相关数据，你从中提取你需要的信息。"

"我们也可以这么做。但是，我们提前说好，如果你让我自己估计元器件功耗的话，我将不会给你提供彩色的温度云图。我所能提供的仅仅是一张温度表格，或许另加一张黑白的温度云图。"

Herbie 抗议道："嘿，你知道的，没有彩色温度云图，我无法说服任何人！你这简直是敲诈！"

"不是敲诈，是黑白邮件⊖。成交吗？"

⊖　Black-and-white-mail，作者指的是只能提供仿真数据表格或黑白色的温度云图。——译者注

后来我们在双倍密度 PSI 模块热仿真中尝试了这种新流程。主要的问题是 Herbie 无法找到空间布置两个 Ego 芯片，但是他计算了所有元器件的功耗，不再需要我去猜测元器件的功耗了。做了这些改善以后，当出现温度预测偏差时，至少我们知道该由谁来承担责任。

第十八章　过 犹 不 及

从杂志上的照片看，针状鳍片散热器似乎有更多的散热面积。但是，为什么它的散热性能没有变得更好？

经验：强制对流只对平行气流方向的散热器面积起作用。

我和妻子曾经去 Hi-Tech Round-Up 商场购物，这个大商场靠近高速公路出口，也卖音乐 CD 以及配套的 CD-ROM 软件。我们当时正在为我的计算机选购一个调制解调器，有了它，我们就可以给经常联系的朋友们发电子邮件了。过去我们在飞机上，常常使用座椅头枕后方的电话机，给朋友们打非常昂贵的电话："猜猜我们是在哪里给你拨的电话？"后来这个也不好玩了，因为这些人家里都安装了电话应答机。在计算机配件过道，我妻子从货架上拿下一个水泡包。

"这不是你工作当中经常用到的那种东西吗？这个叫什么？"她问我。

我感到有点震惊，零售商店居然也卖这种东西。我猜他们下一步或许打算销售用铅箔包装的钚了。

我告诉妻子:"是的,这是散热器。但是我经常称它为'反自然罪行'。"

旁边站着六七个购物者,他们听到"反自然罪行"这个词语,一下子警觉起来。我妻子眨了眨眼睛说:"这会是你以后的一个演讲题目吗?比如,Oliver Douglas 在绿地的演讲?你为什么不写一本这样的书呢?"

请记住,这都是我妻子的错。

如图 18-1 所示,这就是曾经风靡一时的针状鳍片散热器。这种散热器是对铝材料的浪费,是反自然罪行。

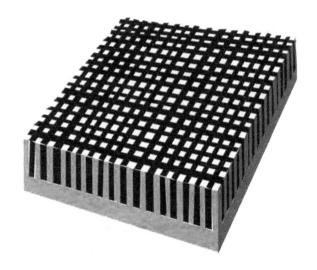

图 18-1 针状鳍片散热器:无知者的选择

Hi-Tech Round-Up 商场将这个散热器命名为"486 冷却器!有了它,你的计算机 CPU 再也不会过热!"散热器的底部有一层双面胶带。只需将胶带上的薄膜撕掉,然后将整个散热器贴在 486 处理器上,就不必担心计算机会出现热故障了。

我不知道这个散热器对计算机散热到底有多大帮助,但是我在

TeleLeap 公司制定了一条关于针状鳍片散热器的经验规则：

1. 不要使用针状鳍片散热器

我讨厌制定经验规则，原因之一就是拇指⊖，因为拇指是五个手指中最笨拙的。而我却希望设计者和工程师在做热设计时能够展示他的敏锐、机智、优雅和高效。但是在针状鳍片散热器这个问题上，我还是给出了这样一条简单的经验规则。

2. 针状鳍片散热器是一个好点子

散热器厂商极力推荐使用针状鳍片散热器，它被印刷在杂志广告页里，也出现在散热器厂商产品手册的封面。针状鳍片散热器之所以流行，就在于它们看上去比较奇特。"看看我的电路板，上面有针状鳍片散热器，这个绝对是高科技！"除此之外，针状鳍片散热器是基于真正的科学而研发出来的产品。

还记得那个换热方程吗？

$$Q = hA\Delta T \tag{18-1}$$

或

$$\text{Power} = h \times \text{Area}(\text{Temp}_{\text{high}} - \text{Temp}_{\text{low}}) \tag{18-2}$$

散热器面积越大，它的散热能力越强。这是另外一个关于散热器设计的经验规则。但是，待会你会发现，这个经验规则在这里根本不成立。

针状鳍片散热器的设计理念是试图在一个给定的体积里生成尽可能多的换热面积。在如图 18-1 所示的针状散热器中，看上去似乎生成了很多换热面积。

⊖ "经验规则"的英文是 Rules of Thumb，里面含有 Thumb，意思是拇指。——译者注

另一个设计理念是，针状鳍片散热器可以适应不同的气流方向。除了散热器基底垂直方向，不管空气从哪个方向吹来，总有气流掠过散热器的针状鳍片。

让我们来比较针状鳍片散热器与板翅型鳍片散热器，如图 18-2 所示。

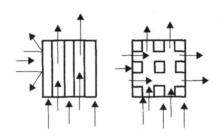

图 18-2　板翅型鳍片只能在一个气流方向有效，
而针状鳍片在各个气流方向都有效

板翅型鳍片散热器是将铝型材挤压通过散热器形状的模具孔，然后将成型的铝块切成一定长度的散热器，与 Play-Doh 乐趣工厂的加工方式一模一样。这种加工工艺只能做一个方向的鳍片。针状鳍片散热器则在板翅型鳍片散热器的基础上，用锯齿或打磨机将板翅型鳍片横切成针状鳍片，如图 18-3 所示。

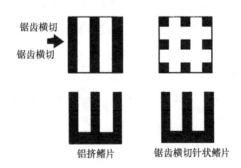

锯齿横切

锯齿横切

铝挤鳍片　　　　　锯齿横切针状鳍片

图 18-3　如何从一个便宜的板翅型鳍片散热器
制作一个昂贵且低效的针状鳍片散热器

针状鳍片散热器的本意是增加更多的换热表面积。比较图 18-3 所示的两个散热器，哪个散热器的换热面积更大呢？其实不难看出来。当用锯齿横切板翅型鳍片时，确实增加了一些散热表面，但同时也减少了一些。如果锯齿切除的部分比鳍片厚度大时，那么总的换热面积是减少了；如果锯齿切除的部分小于鳍片的厚度，那么总的面积确实有很小的增加。市面上的针状鳍片散热器似乎总是采用正方形的针状鳍片，鳍片间距与鳍片宽度相同，采用这种设计的针状鳍片散热器与原来的板翅型鳍片散热器的换热面积一模一样。

本来应该会有人站出来说："嘿，为什么我们要花钱切割板翅型鳍片散热器，得到的换热面积却并没有增加？"遗憾的是，没有人站出来表达这种观点。然而故事并没有结束，鳍片的表面积本身并没有什么用，只有与流过的气流接触的表面积才对换热有帮助。

如果板翅型鳍片散热器安装正确的话，鳍片的表面积和气流方向是一致的，如图 18-4 所示。对于针状鳍片散热器，只有与气流同方向的表面积能够接触到流动空气；垂直气流方向的表面积接触到的只是静止的空气或漩涡气流，这部分表面积无法带走太多热量。因此，针状鳍片散热器不仅没有增加散热面积，而且有一半的表面积朝向错误的气流方向。

针状鳍片散热器的发明者至少实现了一个设计目标，即气流从各个方向都可以通过针状鳍片散热器。TeleLeap 公司有 90% 的产品属于自然对流散热，对于自然对流而言，流过各个方向的气流速度都很低。大部分针状鳍片散热器的鳍片靠得太近，由此会带来一些问题。空气流经单个鳍片时会产生湍动气流，如果两个鳍片靠得太近，两个湍动气流互相碰触并挤进两个鳍片之间狭窄的流道，形成湍流。图 18-1 所示的散热器鳍片之间的距离只有 1/16in（约

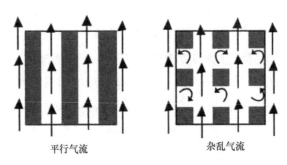

平行气流　　　　　　　　　杂乱气流

图 18-4　针状鳍片有部分表面积在低流速区

1.6mm），差不多可以将这个散热器视为一个固体铝块了，空气只能从散热器的四周和鳍片上方流过。板翅型鳍片散热器也存在相同的问题，鳍片靠得太近，对自然对流不利。

当功耗和鳍片长度一定时，可以用教科书上的方程式计算散热器最优的鳍片间距。对于典型的散热器（如 1in × 1in 或 2in × 2in）和 10W 以内的功耗，自然对流散热的最佳鳍片间距大约为 1/4in（6.4mm）。大家不必去记教科书上那些枯燥的方程式，只需记住1/4in 就可以了。还有一个更好的方法，如果散热器鳍片之间无法容纳你的小拇指，那么不要在自然对流散热中使用这个散热器，我称之为"小拇指规则"。

3. ¼in 案例

小拇指规则在光补偿器模块项目派上了用场。当光信号进行远距离传输时，信号会变得有点模糊，这个光补偿器模块就是为了帮助光纤接收器检测正确的信号。模块上有一个面积为 $1in^2$ 的芯片，其功耗为 3.5W。我们为这个芯片设计了两种散热器，如图 18-5所示。

针对不同的散热器，我们分别对芯片的壳温进行了测量，实测结果如下：

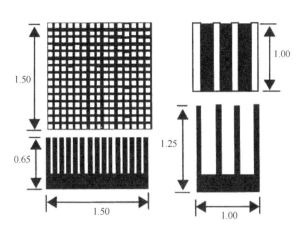

图 18-5　哪一个散热器看上去是高科技产品？哪一个
散热器散热性能更好？（单位：in）

	针状鳍片	板翅型鳍片
表面积	30in^2	9
$\Delta T_{\text{case-air}}$	51℃	44

板翅型鳍片散热器表面积只有针状鳍片散热器的 $\frac{1}{3}$ 左右，然而
它的冷却效果却比昂贵的针状鳍片散热器好 7℃。这个例子告诉我
们：过犹不及。

第十九章　计算机仿真软件
是测试设备吗

除了做热仿真的工程师之外，没有人会相信计算机仿真结果；除了测试工程师本人，大家都盲目地相信热测试数据。为什么不将热仿真结果和热测试数据进行比较，得出一个让所有人都认可的结果呢？

经验：计算流体动力学（CFD）可以解读温度测试数据。

ThermaNator 软件非常昂贵，每年购买软件使用授权时，我不得不填写申请备忘录。大家普遍的想法是，我们只在新项目初期阶段才会使用 ThermaNator，因为此时没有样机可以测试，不得不使用 ThermaNator 软件来预测元器件温度，以便评估项目的冷却可行性。每年1月，我不得不拿着采购申请表去找各级经理，他们极不情愿在申请表上签名。天平的一侧是我对 ThermaNator 软件必要性的评价，另外一侧则是该软件一年使用授权的费用25000美金。如果天平失去平衡，我不得不将申请备忘录拿出来，这样才能勉强得到下一年度的预算。

ThermaNator 软件也是一种测试设备

　　热仿真过去一直被认为是"有更好"但绝不是"没有会死"的东西。相反，从来没有人会问"我们是否需要热电偶和红外热像仪"这类问题。温度测试是必做项目。决定是否购买测试设备通常是很容易的事情，轮到决定是否购买仿真软件时则很困难。为此，我特意撰写了一个案例研究报告，结论是：ThermaNator 软件应该被归类为热测试设备。ThermaNator 软件能使热测试更准确，有测试实例可以佐证这一点。

案例分析：自制 ZENO 芯片

　　我们仿真部门的同事们，坐在一个黑暗的房间里，戴着有厚厚镜片的眼镜，面前摆放着计算机显示器。有一天，他们提出了一个代号为 ZENO 的芯片方案。我猜他们取 ZENO 这个名字，是想着这个项目可能永远不会有结束的那一天。他们提出将芯片以及 2.8W 功耗放进一个如图 19-1 所示的封装结构里。

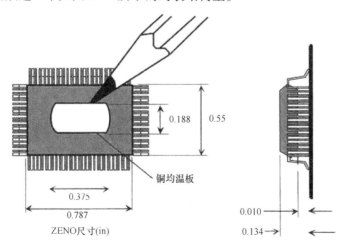

图 19-1　人们担心 ZENO 封装不会有什么前途

我的工作是评估这个芯片封装结构在自然对流条件下是否满足散热要求。我们要给这个芯片安装一个散热器，但是需要多大的散热器呢？如果散热器尺寸很大，将散热器直接贴在 ZENO 芯片上是否可行？我们以前有过用一滴导热胶将散热器贴在芯片上的案例。当散热器和芯片尺寸差不多大时，导热胶这种安装方式是可行的。当散热器尺寸是 ZENO 芯片的 10 倍以上时，我担心散热器太重，可能将 ZENO 芯片表面贴装的引脚拔起来，这就好比是将一个大船屋系在蒲公英的茎上一样，一点都不牢固。

在项目开始阶段，我们还没有 ZENO 芯片实物，于是我自己做了一个仿造品。用一个绕线功率电阻代替芯片的热源，将这个电阻粘在一个与 ZENO 芯片均温板尺寸一样大的铝板上，然后将整个组件封装在塑料模腔内。最后将整个组件粘贴在电路板上。关于电路板，只要是真实的电路板就行，不能使用那些一点铜含量都没有的 PCB 板材。测试装置如图 19-2 所示。

我是这么想的，真实 ZENO 芯片的功耗为 2.8W，这些热量会分成两部分散发到空气中：一部分热量通过引脚将热传导至 PCB；另一部分通过芯片的均温板传导到散热器，然后散发到空气中。可是，我并不知道这两部分热量是怎么分配的。

"怎么办呢？"我告诉自己："你并不是要精确模拟 ZENO 实际传热情况，只不过是想测试散热器罢了。"于是，我特意制造了这样一个 ZENO 芯片，迫使所有热量流向散热器一侧，而流向 PCB 的热量几乎为零。我以为可以实现这种热流分布，比如在散热器一侧用好的导热材料（如铝板等），在 PCB 一侧则用好的热绝缘材料（如塑料等）。当然，可能会有一些热量通过塑料传导到 PCB，但是这部分热量很少，以至于可以忽略。

我制作这个实体模型的主要目的是寻找能够冷却真实 ZENO 芯片的散热器。我认为，只要这个散热器能够冷却这个实体模型，那

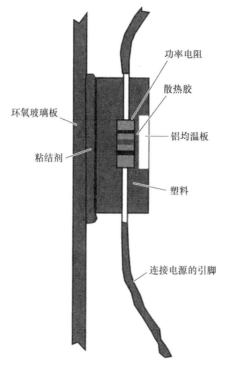

图 19-2　自制的 ZENO 仿造品

么对于真实的 ZENO 芯片，散热器的冷却效果将会更好。因为真实
的 ZENO 芯片会有更大一部分热量经由引脚传导至 PCB。

　　我开始对不同形状的散热器和胶带的组合进行测试，与此同
时，我用 ThermaNator 软件对测试组合进行仿真。第一次测试的散
热器形状是板翅型鳍片散热器，该散热器制作简单，易于仿真。
ZENO 实体模型的热量是 2W。下表是 ThermaNator 仿真结果与实测
结果的对比。

	ΔT 散热器-空气	ΔT 均温板-空气
测试值	27.6℃	35.3℃
ThermaNator	33℃	44℃

　　结果显示，仿真的温度值比测试值要大。对于这么简单的几何模型，ThermaNator 应该能够预测得很准。于是我试图从测试中找到误差源。在我的申请备忘录以及向 ThermaNator 用户大会提交的论文中，我说我很快发现了误差的来源。但是在现实生活中，我还是费了一番功夫才找到原因。

　　一天早晨，Herbie 来实验室找我借螺钉旋具，他在实验桌上发现了这个奇怪的 ZENO 测试装置。我只好向他介绍了这个测试的目的。

　　Herbie 问我："这个塑料的热绝缘性能怎么样？"

　　"我不知道。所有塑料材质的热传导系数应该差不多，大约是 0.2W/(m·K)。"

　　Herbie 继续问我："你在 ThermaNator 软件中输入的是这个值吗？"

　　我张大嘴巴，迟疑了一下，突然意识到作为热设计专家在任何时候都有必要好好学习一下。我只好承认："哦，不，我使用的值是 0，我假设塑料是完美的热绝缘材料。"

　　Herbie 拿起那两根供电用的电线问道："那么这个呢？这些是铜线，应该会有一些热量通过铜导线往外散发吧？"

　　"是的，应该会有一些热泄漏，但是我在模型中也将这部分热量忽略掉了。"

　　我在做热仿真的时候假设 ZENO 模型不会有任何热量传导至 PCB 一侧。然而，塑料和 PCB 板是好的热绝缘材料，但绝不是完美的热绝缘材料。电线的直径虽然很小，但是我不应该完全忽略电线的热泄漏。

　　为了研究之前我忽略的热泄漏路径，我做了另外一个测试：移除 ZENO 模型上的散热器，将 ZENO 的功耗设定为 1W。然后用 ThermaNator 软件对此进行了热仿真。这次我为塑料、环氧树脂和电线引脚输入了真实的导热系数。如果传导至 PCB 一侧的热量与我假设的一样低的话，那么 ThermaNator 软件将会仿真出来。下表是电阻热源温度的实测值与仿真值的对比。

	ΔT 电阻-空气
测试值	60.8℃
ThermaNator（无热泄漏）	91℃
ThermaNator（有热泄漏）	56℃

如果 ZENO 模型通向 PCB 一侧真的如我之前假设的那样，是完美的热绝缘材料，那么 ThermaNator 仿真出来的 ZENO 电阻温度将会比实测温度高很多。我之前的设计假设 100% 的热量应该流向散热器一侧。实际上，在这次无散热器的测试中，75% 的热量通过热泄漏路径而不是散热器散发出去——75% 和 0% 热泄漏是一个非常大的差别。

一个显而易见的结论

ThermaNator 软件帮助我找到实验错误的来源。通过热仿真，我们还知道可以忽略辐射换热和通风的影响。ThermaNator 软件还提供了一种验证 ZENO 实体模型热流分布的方法。我对测试装置进行了修改，最终成功地为 ZENO 芯片设计了合适的散热器，如图 19-3 所示。散热器的确很大，以至于不得不在 PCB 上设计四个安装孔。

这个真实的案例足够让我相信，ThermaNator 软件绝不只是象牙塔里的"有了会更好"的温度预测工具，它将逐渐变成一种实验室测试设备。它使得测试结果更容易理解，使其他测试设备效率更高。

采购申请表里的"理由备忘录"变得更有说服力，也变得更玄乎，再也没有人对购买 ThermaNator 软件提出疑问了。

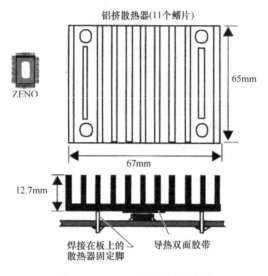

图 19-3　ZENO 散热器变得很大

第二十章 热电三极

有关热电偶的民间传说和争论：热电偶线的接
头应该焊接还是熔接呢？如果你测量的方法不对，
采用焊接或熔接又有什么关系呢。

经验：了解热电偶的工作原理。

Herbie 所在部门的经理深谙如何利用 TeleLeap 公司的资源，
他给我写了一封电子邮件：

亲爱的热设计大叔：

我在修理我那台 1974 年版的雪地车时，遇到了一个热问题。
从空气冷却的气缸盖到仪表盘的那段热电偶线断了。原来的热电
偶线是卷曲缠绕在火花塞螺纹的环形端子上。环形端子的缠绕管
坏掉了，我在 TeleLeap 公司的储藏室里也找不到这种环形端子。
请问可以将热电偶线焊接在旧的环形端子上吗？或者，引入第三
种热电偶导线会影响测试结果吗？请快点回复。冬天快到了，如
果我不能从仪表盘上读到气缸盖的温度，我将无法享受雪地驾车
的乐趣了。

头大的 Milton Township

下面是我的回复，我同时将他的来信和我的回复张贴在自助餐厅的公告板上。

亲爱的大头先生：

你的问题涉及热能工程里一个最容易误解的话题。我遇到的热设计工程师经常会问我，"你是通过熔接还是焊接来制作热电偶线？"而你引入了第三种制作热电偶线的方法——缠绕。

热电偶是由两种不同类型的金属线构成的一个电路环路，当两个结点之间存在温度差时，电路中便会产生一个微小的电压。

图20-1是一个普通的冷热两端热电偶，电路中电压的大小与热电偶导线的材料、两个结点之间的温度差有关。对热电偶导线进行标定之后，可以通过测量电压大小来计算结点的温度。

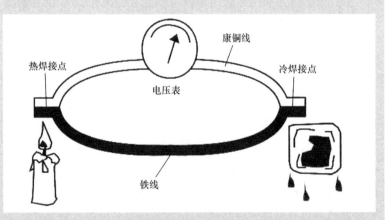

图20-1　普通的冷热两端热电偶

图20-1并没有告诉我们两根导线在端点处是如何结合在一起的。真正的结点需要有物理连接，即焊接、粘贴、缠绕、

熔接或是简单的扭在一起。所有这些方法都有各自的缺点，但是它们都有一个相同的方法来降低各自导入的测试误差。

当用熔接或焊接的方法将两种不同导线连接在一起，实际上制作的是"热电三极（Thermotriple）"，也可以说是用三种金属导线构成的热电回路，如图 20-2 所示。

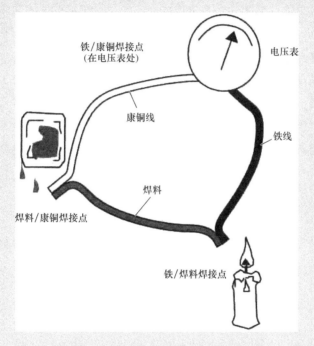

铁/康铜焊接点
（在电压表处）

电压表

康铜线

铁线

焊料

焊料/康铜焊接点

铁/焊料焊接点

图 20-2　三种金属导线构成热电三极

以铁线和康铜线为例。康铜是一种铜和镍的合金，经常被用于和铁线配对制作热电偶。如图 20-2 所示，制作一个这样的电路会出现什么问题呢？实验桌上有很多蜡烛和冰块（也就是热源和冷源），三个结点的温度各不相同。于是，出现了铁-焊料、铁-康铜以及焊料-康铜三个热电偶串接在一起。当三个结点温度不同时，环路里会产生三个不同的电压，而且电压的方向有可能相反。很难判定仪表测量的到底是什么电压。另外，我们不知道铁-焊料、焊料-康铜热电偶的标定曲线，而温度仪表假设整个电路只有铁和康铜两种导线。显然，这样的温度读数是不对的。

有一个办法可以解决这个问题，我在实验室里验证了这个方法的有效性。如果你不相信的话，你也可以在你的实验室重复这个测试。

首先，我做了一个如图 20-3 所示的电路。实验室里所有物体的温度都是室温，包括我做实验时忘记喝的那杯咖啡。

当三个结点（外部有两个结点，仪表所在处有一个结点）同处于室温环境时，热电三极能够读出正确的温度。这不能证明什么，因为我们已经知道，当所有结点处于同一温度时，电路中不会产生任何电压。

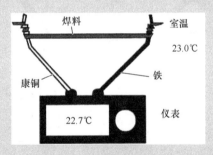

图 20-3　三个结点的温度相同

接下来，我将一个结点放入沸腾的水中，其余两个结点处于室温环境，如图 20-4 所示。使用水是因为水的沸点人所共知，而且沸腾的水容易控制。我想，如果我用其他焊接的热电偶来和热电三极测到的温度做对比的话，你可能不会相信我，因为你有可能不相信焊接热电偶的测试精度。

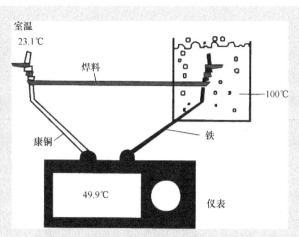

图 20-4 外部两个结点：一个结点的温度
是室温，另外一个是 100℃

哇，仪表读数只有 **49.9℃**，要知道我们想要测量的是沸腾的水（100℃），测试误差太大了。这个测试表明，当三个结点的温度不同时，仪表读数将会很奇怪。而且，外部两个结点不是镜像对称的，仪表读数和哪个结点热哪个结点冷都有关系。我接下来将两个外部结点的冷热温度互换，如图 20-5 所示。

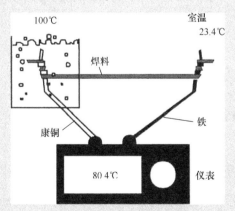

图 20-5 外部结点的冷热温度互换，仪表读数大不相同

外部两个结点的冷热温度互换之后，仪表读数还是有很大的误差。你可能会想：或许仪表读数是水的沸点和室温的平均值。可是两次测试结果证明这一想法是错误的。

现在我们有理由相信，电路中的焊料的确会带来很大的测试误差。就让我来告诉你如何解决这个难题吧！

我做了最后一个测试，如图20-6所示。当我将外部两个结点放入不同的装有沸腾水的烧杯里，仪表突然显示出一个正确的温度读数。此时仍有一大段焊料不在热水中，而且这段焊料的温度更接近于室温。是不是很奇怪呀，温度突然变得可以测量了。当外部两个结点温度相同时，两个结点之间的焊料不产生额外的电压，整个电路中就好像不存在焊料这一段似的。

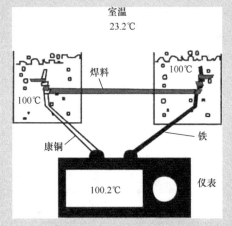

图20-6　当外部两个结点的温度相同时，测量误差立即消失

现实生活中该怎么办呢？

在现实生活中你可以选择应用上面这些新知识。如果你打算焊接或熔接热电偶线，你可以这样做：

1. 将外部两个结点放入沸腾的水中。

2. 确保焊接的结点足够小。

多小的焊接点能够满足要求呢? 我知道你希望我说直径为1/4in(6.35mm)或者450Å, 或是其他你能想到的值。图20-7会告诉你焊接点很小和很大时的差异。

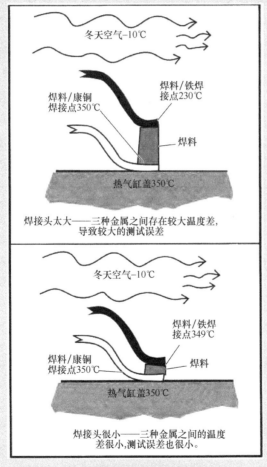

图 20-7 热电三极在雪地车温度测量中的应用

第一个热电偶有一层很厚的焊接材料，以至于焊接头很大。上面那根导线伸进寒冷的空气中，这根导线的温度比另外一根接触气缸盖的导线温度低很多。因为两个结点存在较大的温度差，导致温度测量存在较大的误差。

第二个热电偶仅有很薄的一层焊接材料，焊接头非常小，整个焊接材料的温度基本上相同。因为两个结点不存在大的温度差，焊接材料对温度测量不会产生大的误差。

最后来回答你的问题。不管你用焊接、熔接或是缠绕的方法来制作热电偶，都没有关系。只要你用很薄的一层焊接材料并且使焊接点足够小，这样，在测试过程中，焊接点和焊接材料的温度基本相同。

我喜欢使用30号线径的热电偶线，焊接热电偶时确保焊接点大致与BIC圆珠笔尖珠子大小相同，这样的热电偶应该足够用于测量电子元器件的温度了。对于你的雪地车发动机，热电偶焊接头可以稍微大一点点。

你的偶像

回答热问题的人

第二十一章　混乱的对流

　　自然对流和强制对流本来应该是朋友，为什么要让它们互掐呢？好在有芝加哥小熊队［美国职业棒球大联盟（MLB）的一支球队］的球迷参与其中，出现自然对流和强制对流互掐的"球迷"系统最终失败。

　　经验：当自然对流和强制对流在相反的方向上工作时会出现什么问题呢？

　　"这张板卡被称为'虚拟球迷'。"Herbie 解释道。Sedona 的设计小组终于研发出了一个心灵感应交叉连接的应用设备，这个设备似乎能很好地工作。虽然它对声音和数据的处理不太准确，但它对用户情绪尤其是期望的响应如此之好，令人惊讶。市场部的同事认为：球迷在观看电视上的收费比赛时，也将他们连接到"虚拟球迷"板卡上。球迷设备能够探测到球迷有多希望他（或她）支持的球队赢得比赛，然后将探测到的信号发送给中央处理器。在获得观众的反应信息之后，设备实时地将信号发送给每个球员，球员身上的"生物包"将释放一个温和镇静剂或亢奋激素去削减或增加球员在球场上的战斗力。"虚拟球迷"本意是重建活力四射的观众对球员的肾上腺激素水平的影响效果。我们推销按次计费比赛节目的同时，也在销售一种理念。这种理念已被大多数球迷所接受，那就是，他们待在家里也可以影响比赛的结果。

"我喜欢这个球迷系统！"我平静地说道，"但我不喜欢这个系统的机械设计，整个热设计做得太差了。"

Herbie耸了耸肩："现在做设计变更已经不可能了。球迷机箱、电源以及一系列板卡等硬件设备都已经完成设计了。"虚拟球迷"只是插入这个球迷系统中的一张新的板卡。我们不能仅仅因为增加了一张新的板卡，就改变球迷系统中的风扇、通风孔或机箱的大小。"

"如果设计已经全部完成，那你还找我做什么？"

Herbie回答："对于球迷系统中之前的典型板卡，我们都已经制作样机并完成了测试，板卡功耗大约为5W，没什么热问题。而'虚拟球迷'板卡的功耗将高达20~30W，其中HBU接口芯片本身就有5W，这是因为它的反应速度比64000名球迷的情绪波动更快。我们需要你帮忙做ThermaNator热仿真，以确保我们有一个好的元器件布局，同时为HBU接口芯片挑选合适的散热器。"

我告诉Herbie："对一块板卡而言，30W太高了。"

"别担心，"Herbie说："球迷机箱是一个风扇冷却系统。系统配有两个风扇，其中一个风扇发生故障后系统还能正常工作。不过，风扇发生故障的概率较低。"

Herbie借给我一个球迷系统机箱，机箱内插满了板卡，我打算测量一下机箱内部的空气流速。图21-1是球迷系统机箱的示意图，从散热设计的角度来看，机箱内部气流方向极其反常。

系统中的电源也需要靠风扇来冷却。于是，有人突发奇想，为什么不一石二鸟，用两个风扇来冷却系统中的所有板卡以及电源呢？因此，他们决定在电源插槽框的顶部增加进风孔，然后把整个系统机框放在电源插槽框的上方。空气从系统机框顶部进入系统，向下流经所有电路板卡，在系统机框底部汇聚，然后经过电源，最

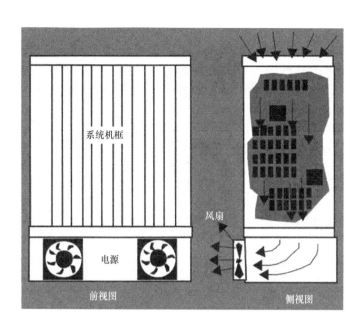

系统机框

风扇

电源

前视图

侧视图

图 21-1　球迷机箱内气流方向极其反常

后通过风扇排出系统。

　　我测量了两块电路板卡之间通道的气流速度。空气流速的典型值大约为 100ft/min（大约为 0.5m/s），这听起来好像很快，其实只有 1mile/h。根据 Herbie 提供的"虚拟球迷"电路板的布局图，我用 ThermaNator 软件建立电路板卡的计算机模型，假设流过板卡的空气流速为 100ft/min。运行程序，ThermaNator 很快输出了元器件的预测温度。

　　元器件的温度很低，但这是在两个风扇同时运转时的情况。当有一个风扇停止转动时，情况是怎样的呢？于是，我回到实验室，关掉一个风扇并再次测量空气流速，这一次测得的空气流速只有 30ft/min。

　　30ft/min 的空气流速绝对不是一个好消息。为什么呢？因为 30ft/min 差不多是空气自然对流时的流速（还记得吗？自然对流与烟囱的工作原理相同——热的元器件对其周围的空气加热，热空气上升，形成一个向上的气流）。假如你有一个球迷系统，碰巧有一个风扇发生故障，你会希望系统关机吗？（谁都不希望因为一个风扇故障而导致比赛停播）。系统中正常运转的风扇试图驱使空气以 30ft/min 的速度向下流过板卡，但是电路板卡上的热量加热空气并驱使空气以大约 30ft/min 的速度向上流动。哪个会赢呢？

由于这种气流是自然对流和强制对流的混合，教科书上称之为混合对流。而我把它称为混乱的对流，因为设计这种空气向下流动系统的人对于换热理论的理解混乱不堪。通常情况下，当有风扇驱动空气流动时，空气速度要比自然对流时的空气速度快很多，因此自然对流往往可以被忽略。但是，当强制对流空气速度与自然对流空气速度相等并且方向相反时，自然对流就不应被忽略。

我在 ThermaNator 模型里将气流速度设置为 30ft/min，花了很长时间调试模型，最终得到一个收敛结果。求解混合对流，就像预测一个竖直的硬币失去平衡时倒向正面还是反面一样，非常困难。图 21-2 是用 ThermaNator 软件模拟的三种气流模式：强制对流、自然对流和混合对流。

在强制对流模式，气流向一个方向流动，气流速度分布均匀。在自然对流模式，气流也是向一个方向流动（即向上流动），在最热的器件附近，气流速度最快；在远离热器件的地方，空气有可能不流动。在混合对流模式，远离电路板的空气通常向下流动，但靠近电路板的空气有可能被加热并向上流动，这可能会导致漩涡气流。相同的一股气流反复流经一个热器件，这股气流无法带走任何热量。

Herbie 不相信 ThermaNator 软件的仿真结果，因为元器件在混合对流中的仿真温度处于"临界线"。"临界线"的意思是指元器件的温度非常接近该器件的最大工作温度。在热仿真中，"临界线"

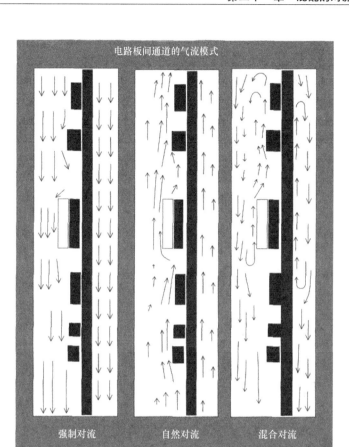

图 21-2 同时运用两种对流并不一定会改进

很常见，但是非常令人沮丧，当仿真结果处于"临界线"时，你无法给出一个明确的"通过或失败"的结论。

Herbie 问我："对于这种混合对流，ThermaNator 软件预测的准确性如何？"

我耸耸肩，对他说："我不知道，我以前从来没有模拟过混合对流。我不知道还有没有人也设计过一个风扇气流方向与自然对流方向相反的系统，技术文献上也未见报道。我猜想，可能大家都知

143

道这种系统在散热上不可行，而且这种设计是很容易避免的。因此，我建议将整个系统机框颠倒过来安装，然后给客户配一个大的凸透镜，这样他们就可以看清机框面板上倒立的丝印文字了。"

我很期待对"虚拟球迷"电路板样机进行热测试，因为我想看看是否可以用烟雾发生器将电路板附近的漩涡气流可视化，或许我还可以写一篇技术论文，探讨 ThermaNator 软件模拟混合对流的精度。但这个测试最终没能实现。

关于"虚拟球迷"电路板的现场试验，我们没有看到任何官方发布的新闻报道。据谣言说，在芝加哥小熊队的赛季末期，他们将"虚拟球迷"试验电路板连接到 100 名电视观众家里，把"生物包"放在两支球队的球员身上。设计工程师并没有发现这个系统会有一个正反馈循环，这使得整个系统运行很不稳定。尽管小熊队球迷非常忠诚，但小熊队近一个世纪的平庸表现使他们陷入了一种低期望的模式。比赛一开始小熊队就送给对手三个保送，这使得小熊队球迷反应变得迟钝，球迷反应迟钝导致"虚拟球迷"电路板发送信号以便使小熊队球员喝镇静剂，然后小熊队球员行动变得更加缓慢，球员行动缓慢使得小熊队球迷变得更加无聊至极。于是，小熊队球员不得不喝更多的镇静剂……很快，9 名球员被罚下场。20min 后，裁判们终于发现事情有点不对劲。渴望让比赛变得更加激动人心的职棒大联盟最终取消了与"虚拟球迷"项目的交易，并且否认参与了"虚拟球迷"电路板的测试。"虚拟球迷"电路板项目死于襁褓之中，随后球迷系统也跟着一起消失了。

我认为，这也许是好事。如果你期望从风扇得到更多的冷却性能，那么风扇应该被安装在正确的地方。

第二十二章　视情况而定

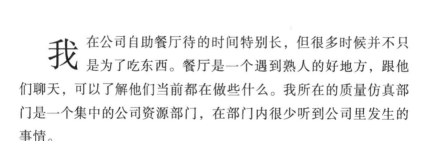

一个 64 引脚的元器件能够散发多少瓦的热量？
机箱需要多大的通风孔？从印制电路板焊接面散发
的热量占总热量的百分比是多少？这些常见的电子
冷却问题的答案都是"视情况而定"。

经验：元器件封装功率限制及其局限性。

我在公司自助餐厅待的时间特别长，但很多时候并不只是为了吃东西。餐厅是一个遇到熟人的好地方，跟他们聊天，可以了解他们当前都在做些什么。我所在的质量仿真部门是一个集中的公司资源部门，在部门内很少听到公司里发生的事情。

我低头从辣椒碗里夹菜，抬起头时，发现我这张餐桌一下子坐满了人，领头的正是 Herbie。"说曹操曹操就到。" Herbie 说道："我们的热设计专家就坐在这里"。

Herbie 把我介绍给他带来的两个客人。Fergus 是来自 InteleLeap公司爱尔兰研发中心的 ASIC 设计工程师，Toivo 则是来自 Intele-Leap 公司芬兰研发中心的电路设计工程师。

Toivo 对我说："我们正和 Herbie 先生一起开展一个真正的全

球项目。TeleLeap 公司已经从新西兰获得技术许可，电路设计将在芬兰和美国完成，电路板将在爱尔兰制作，这个电路板将用于荷兰开发的一个系统中，在墨西哥制造，并在东欧、中东和南美销售，支持像《The Flintstones[⊖]》等动画片的 17 种语言的自动隐藏字幕"。

"全球项目，多么高大上啊！"我问他："我只是一个热设计工程师，我该如何融入 Fred 和 Barney[⊜]统治的世界呢？"

Fergus 把遮住他眼睛的头发向后捋了捋，说道："我不太了解 TeleLeap 公司和你做事的方式，相比我之前的雇主 MegaTechola 公司，这里对于如何做设计似乎没有太多的标准或规则。"

我问他："你想要什么样的规则呢？"

Fergus 回答："毋庸讳言，我在这个项目上的分工是设计一组定制化芯片。我将不得不考虑如何设计芯片，例如，各个芯片的功能是怎样的，芯片该做多大，每一个芯片的功耗是多少，芯片该采用什么类型的封装结构。我以前的公司有这样一个标准文档，上面定义了一些设计规则。例如，对于系统 XYZ，一个 84 引脚 PLCC 封装芯片的功耗不能超过 2.7W。我问 Herbie 哪里可以找到 TeleLeap 公司的标准文档。令我惊讶的是，他无法提供文档编号，只是对我说'找这个热设计专家'。"

Toivo 接过话题："也许对你来说，这听起来像是一个愚蠢的问题。但我们只是想知道，对于不同尺寸的元器件封装，芯片散热功耗的极限是多少。这些功耗极限值有没有写在某个标准文档里，或者说，你有没有一个经验规则？"

听了他的话我面部肌肉抽搐了一下，我吞了一口辣椒来掩饰我

⊖ 《摩登原始人》一部美国动画片。——译者注

⊜ Fred 和 Barney 是美国动画片 The Flintstones 中的卡通人物。——译者注

的痛苦。"如果你不介意得到我愚蠢的回答，我也不会介意愚蠢的问题。"我解释道："我的回答并不是真的很愚蠢，但也许不会让你们满意。一个 84 引脚 PLCC 封装的芯片能散多少瓦的热量？这个问题的答案要视情况而定。"

我故意停顿了一会，发现他们脸上开始露出不满的神情。我继续说道："让我们换一种方式来看这个问题。你们告诉我，在高速公路上安全驾驶汽车，你们最快能达到多少时速？"

Herbie 耸耸肩："我不知道，或许 70mile/h。" Fergus 说："大约 60mile/h。" Toivo 则认为 80mile/h 可能是他的最大时速。

我继续提问："如果下雨或者下雪呢？如果路上车辆很多，甚至交通堵塞呢？还有，如果驾驶的车辆是大众甲壳虫、16 轮大卡车或者是保时捷呢？在这些情况下，最大时速会有什么不同呢？"

我的提问引发了长时间的讨论，有很多关于车祸、超速罚单以及路上其他人是白痴的故事。"所以说，这要视情况而定，对吗？"我总结道："在不造成交通事故的情况下驾车时速完全取决于现场路况。"

Fergus 说："但是，我们有一个法定的速度限制。这也是我们正在寻找的那种设计规则。当我们考虑芯片散热时，我们需要有一个类似路标的东西告诉我们是否会超速。"

我说："限速的做法有些武断。限速是基于普通驾驶员在普通条件下驾驶最低质量车辆的安全性而设定的。但是，90% 的驾驶员认为比限速开快至少 10% 也是很安全的，而且有一些汽车还可以开得更快。另一方面，仅仅限制最高时速并不能保证不会发生交通事故。"

"确实是这样！" Toivo 连连点头。

Fergus 问道："当你说'视情况而定'时，你认为限制元器件功耗的因素有哪些呢？"

"问得好，这不是一个愚蠢的问题！"我说："影响元器件温度的因素有很多，这正是我们要讨论的。你想知道一个元器件在变得很热之前可以散发多少热量，然而，一个元器件有多热取决于很多因素。"我将影响因素写在一张餐巾纸上。

- 自然对流或风扇冷却：空气流动的速度有多快？
- 局部空气温度：局部空气越热，则元器件越热。
- 印制电路板：电路板的含铜量以及尺寸。
- 相邻元器件：相邻元器件的功耗以及间距。
- 相邻电路板：相邻电路板的功耗以及间距。
- 确保芯片正常功能和可靠性的温度限制。
- 最后但并非最不重要的是：芯片功耗和封装尺寸。

一张餐巾纸已写不下，直到在第二张餐巾纸上才写完。Toivo 眯起眼睛看着列表，问我："这些因素对元器件的温度影响很大吗？"

我告诉 Toivo："我可以用 Herbie 的一个电路板作为例子。这个电路板上有 8 个相同的元器件，每个元器件的功耗是 0.5W。位于电路板顶部的元器件温度比位于底部的元器件高 30℃，只是因为底部进风口空气温度比顶部的空气低。对于这样的元器件，我应该给你什么样的经验规则呢？"

Toivo 不高兴地看着 Herbie："这个太复杂了。你说这位热设计专家会给我们答案，可是我们只需要一些简单的设计规则。"

我对他说："我给你们一个复杂的答案，因为我想你们会需要对设计进行优化。难道你们想让电路板比它原本可以做到的尺寸更大、更昂贵或者只有一半的硬件功能吗？"

Toivo 赶紧解释："当然不是。电路板必须满足客户的所有需求，而且成本最低。"

"我可以给你一个简单的经验规则，但是，基于各种最恶劣情况设定的功耗极限将会很低，也非常保守。这正如，因为偶尔会下雪，就将全年的车速限定为 20mile/h。为了满足保守的功耗极限，你不得不降低时钟频率，增加电路板的尺寸以便分散布置元器件，增加风扇和散热器。更有甚者，你有可能会根据这个保守的功耗极限值而判定项目在冷却方面不可行。但是，如果我们以一种复杂的方式重新审视你的电路板和元器件，或许不用做任何上述改动，也能满足冷却要求。当限速是 65mile/h 时，你可能会想要 80mile/h，难道不是吗？"

我对他们的劝说终于有效果了。Herbie 说道："的确很对！我们不想遵从任何给年轻工程师制定的经验规则。"

Toivo 说："非常好，那么没有设计规则，我们该如何往下进行呢？"

"不要让我只是提供一个功耗极限，而是让我也加入你们的设计团队。我自始至终和你们一起工作，我会根据刚才谈到的那些约束条件，计算出元器件的温度。"

我拿出袖珍版 TeleLeap 公司的良好设计准则手册，说道："让我们从这里开始。在第 24 页 2.5.1.3.8 节，有一些'封装功率极限'的图表。那些就是你们想要的经验规则。如果你们的芯片功耗在表中的极限值以下，那就没有什么可担心的。但是，如果功耗超过表中的极限，也不用惊慌，或许有办法可以满足散热要求。我知道你们设计的芯片都是满负荷运行，所以芯片的功耗有可能会超出表中的极限值，一旦遇到那种情况，请及时通知我。"

自然对流下的功率极限

表 22-1 和表 22-2 是基于下列条件制定的：

- 元器件是焊接到印制电路板上的，其周围也是类似的元器件。

- 电路板是竖直安装的，板卡周围的气流是由自然对流引起的。

- 功率极限是根据环境温度为 25℃ 时芯片结温不超过 70℃ 而设定的。

- 考虑到 6000ft 海拔对散热的影响，表中的功率数据进行了降额处理。

表 22-1　通孔封装

封　　装	塑　　料	陶　　瓷
DIP 8	130mW	130mW
DIP 14	165	200
DIP 16	165	200
DIP 20	190	215
DIP 24	210	250
DIP 28	250	300
DIP 40	300	300
DIP 64	450	550
PGA 68		1000
PGA 84		1030
PGA 100		1100
PGA 149		1500

表 22-2　表面贴装封装

封　　装	塑　　料	陶　　瓷
SOIC 8	160mW	190mW
SOIC 14	180	200
SOIC 16	180	200
SOIC 20	225	270
SOIC 24	270	270

（续）

封　　装	塑　　料	陶　　瓷
SOIC 28	250	300
SOIC 40	300	300
SOIC 64	450	550
PLCC 20	220	270
PLCC 28	240	290
LCC 44		320
PLCC 68	350	
PLCC 84	400	

这些功率极限将保证元器件不会过热。当你希望设计一款比竞争对手更便宜、性能更好、重量更轻以及更紧凑的产品时，你就不能遵照这些功率极限做设计。这些表格甚至不包括许多新的、流行的封装结构。请问，现在还有人使用通孔封装的器件吗？

他们每个人都快速地在他们的时间管理书上记下良好设计准则的章节号码。Toivo 还画了一个车速表盘，然后在表盘旁边写下：32km/h。

Herbie 突然跳起来，朝自助餐厅那头的人挥手。"Spazz 在那儿！我认为我们已经获得了想要的热设计知识。现在离项目管理会议还有 5min。在会议前，让我们找 Spazz 要电磁兼容性的经验规则。"

常见问题

我经常被问到一些热设计问题，比如：

- 机箱需要多大的通风孔？
- 为了获得良好的气流，电路板之间的最小间隔是多少？
- 从电路板元器件一侧散发的热量占比是多少，从焊接面一侧的占比又是多少？

- 设备机架上不同机框之间的最小挡风板是多高？
- 良好设计准则上定义的某个元器件的温度极限是 125℃，如果该元器件温度上升到 126℃ 或 130℃，会发生什么状况？

所有这些问题都有一个相同的答案，那就是：视情况而定。

第二十三章　防晒霜是不是烟雾

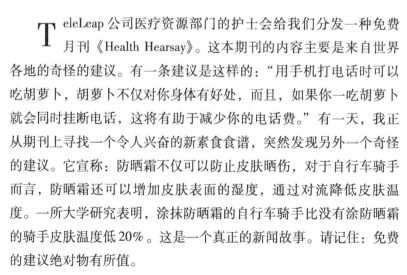

大学的一项研究声称，涂了防晒霜的皮肤比裸露的皮肤温度要低20%。即使是电子工程师也可以发现，这个研究结论显然是错误的。

经验：温度不是一个绝对量。

　　TeleLeap 公司医疗资源部门的护士会给我们分发一种免费月刊《Health Hearsay》。这本期刊的内容主要是来自世界各地的奇怪的建议。有一条建议是这样的："用手机打电话时可以吃胡萝卜，胡萝卜不仅对你身体有好处，而且，如果你一吃胡萝卜就会同时挂断电话，这将有助于减少你的电话费。"有一天，我正从期刊上寻找一个令人兴奋的新素食食谱，突然发现另外一个奇怪的建议。它宣称：防晒霜不仅可以防止皮肤晒伤，对于自行车骑手而言，防晒霜还可以增加皮肤表面的湿度，通过对流降低皮肤温度。一所大学研究表明，涂抹防晒霜的自行车骑手比没有涂防晒霜的骑手皮肤温度低20%。这是一个真正的新闻故事。请记住：免费的建议绝对物有所值。

　　这个防晒霜的故事听起来似乎是合理的，引用大学的研究也增加了其权威性。只有热学专家和读过本书几个章节的人才会发现这条建议纯粹是胡扯。让我们来看看这个故事中与热相关的内容，看看它们是否正确。

1. "防晒霜帮助肌肤增加湿度，并通过对流帮助皮肤降温"。对流与湿度无关，对流是空气流过一个热的物体并将热量带走的过程。涂层、凝胶或神奇的粉末不会改善对流换热。对流换热强弱取决于空气的速度、暴露在空气中的皮肤表面积以及皮肤和空气之间的温差。我猜他们想要表达的意思是"通过水分蒸发能够帮助皮肤冷却。"

2. 蒸发是一种完全不同的冷却方式，皮肤上的水分从液体变为气体，可以带走很多热量。

3. 你可能会说："蒸发也好，对流也罢，没有什么大不了，他们只是搞混了一些术语。他们的观点仍然是正确的，防晒霜的确可以帮助皮肤降温。"错了！请注意，他们说的是湿度，并不是水。防晒霜里的液体可能是某种油或溶剂（例如酒精）。这些溶剂几秒钟之后就蒸发不见了。不论这种溶剂蒸发冷却效果如何，在你将盖子封住瓶口之前，溶剂已经挥发不见了。而油在人的体表温度下不会很快蒸发，所以油对冷却帮助不大。

4. 防晒霜中的保湿剂是通过将油渗入皮肤表层而起到防晒作用的，这使得皮肤保持光滑健康。另外，油层会抑制皮肤中的水分蒸发。通过抑制水分蒸发（即出汗），防晒霜实际上不会让皮肤更凉快。

5. 如果你在太阳底下骑自行车，流过人体的空气速度会很快，人体有大量的热会通过对流散发出去。如果对流散热还不够的话，人体会通过出汗和快速呼吸排出许多热量。一名运动员在越野自行车比赛中失去 5lb$^{\ominus}$重量并不罕见。减去的重量大部分是通过出汗

$\ominus$　1lb = 0.45359237kg，后同。

和呼吸排出去的水。汗水的重量有几磅，而防晒霜中的液体重量极少，即使你很富裕，用的防晒霜最多也就一两匙。即使防晒霜中的液体能够挥发（假设你的皮肤达到煎锅的温度），蒸发的液体量也无法和人体排出的水分重量相比。

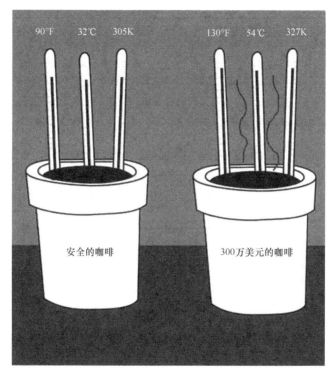

图 23-1　热咖啡比法定安全咖啡温度高 44%、69% 还是 7.2%？

6. 他们的实验数据是怎么回事呢？他们宣称，涂上防晒霜的骑车人比没有涂防晒霜的骑车人皮肤温度低 20%。20% 是多少度呢？我们没有办法搞清楚。温标是相对的，以百分比、分数或倍数来谈论温度是毫无意义的，参见图 23-1。各个温标定义的 0 和 100 各不相同。摄氏温标以水的冰点作为 0 度、水的沸点作为 100 度。而华氏温标以 Gabby Fahrenheit 本人的体温作为 100 度（也许那一天他刚好发烧了，所以体温有点高）。关于温度的百分比或倍数，让我们来看一个例子：假如今天是 10℃，明天是 20℃，那么明天你可能会说温度升高了一倍。如果将摄氏温度转化成华氏温度情况会怎样呢？今明两天的温度分别是 50℉ 和 68℉。对于同样的天气，一个温度计显示温度升高了一倍，而另外一个温度计显示温度升高了 36%。更令人困惑的是，如果今天是 0℃，那么明天温度是今天的几倍呢？

7. 让我们来猜一猜他们所说的温度降低了 20% 是什么意思。正常情况下皮肤温度大约为 30℃，可能会有 5℃ 左右的差异，这取决于测试部位以及周围环境温度。皮肤不像体内温度那么恒定，比如在舌头底下或其他只有医生应该检查的部位，温度相对恒定。每年 7 月，假如你在树荫下休息，手臂皮肤的温度大约是 30℃。这时，你骑上自行车穿过死亡谷（美国加州死亡谷国家公园，夏季非常炎热），你手臂皮肤的温度会上升到 40℃。在回来的路上你在手臂涂抹防晒霜，手臂皮肤的温度是 38℃。这 2℃ 相对于在太阳底下骑车和在树荫下休息时手臂皮肤温度的变化 10℃ 而言，正好下降 20%。20% 看起来是一个很大的差异，但 2℃ 和皮肤在不同时刻的温度变化相比要小很多，你甚至不会觉察到这种差异。

8. 还有一种可能性：假设正常体温是 98.6℉（37℃）。在使用防晒霜后以极快的速度骑自行车，你的皮肤温度下降 20% 到 79℉（26.1℃）。这种降温速度通常只有在你跳进密歇根湖后才会发生。不要忘记打电话叫医护人员，如果没有任何帮助，你会在几小时内死于体温过低。

9. 这项研究比较了两个不同人群的皮肤温度，而不是同一个人涂防晒霜和没涂防晒霜的情况。两个人绝不会有相同的体温，尤其是皮肤温度。当你的配偶在床上用光脚触碰你身体时，你会感觉到他（她）的脚很凉。这个新闻故事没有告诉我们，对于涂了防晒霜和未涂防晒霜的两个人，他们是否有相同的皮肤表面积、衣着、年龄、身体脂肪含量、呼吸循环以及血液循环等。

10. 当人们在骑自行车比赛时，如何测量他的皮肤温度呢？也许可以让他们像宇航员那样佩戴医学遥测包。但是，你必须同时测量骑车人周围的空气温度、空气速度、太阳辐射密度和相对湿度，这样才能比较两个人的散热状况。谁的皮肤温度更高，是将医学遥测包放在身后的骑车人（他的皮肤可以获得更多的气流）还是将遥测包放在身前的骑车人（他的皮肤获得的气流较少）？遇到气流阻力较小的骑行者，他不用太费力地踩踏板。我觉得这些因素对皮肤温度的影响可能比防晒霜更大。

11. 自行车与这项研究有什么关系呢？难道自行车比赛是由防晒霜制造商赞助的吗？

第二十四章　70℃环境下比50℃环境下的测试结果低

在70℃环境和1000ft/min（5.08m/s）空气流速下进行的热测试比50℃环境和0ft/min空气流速下的测试更严苛吗？并不总是如此。

经验：对流换热取决于空气速度和温差的组合，而不仅仅是空气温度。

"**鲁**棒是新的流行语，"Herbie解释道："新的电路板必须是鲁棒的，它应该像山地咖啡一样质优物美。"

"这个目标值得赞赏。"我说："鲁棒的反义词是懦弱，你如何让电路板符合鲁棒的要求呢？是否有关于鲁棒的IEEE标准？"

"哦，不，比IEEE标准做得还要好，我们有环境压力测试（Environmental Stress Testing，EST），这是你们质量仿真部门新推出的流程。我们需要将新的电路板带到丹佛附近的一个特殊的实验室。"

"所以上周你一直待在丹佛，"我说："你的同事说你去滑雪了。"

"一石二鸟，你懂的。这个实验室有一个特殊的温箱。将电路板用螺栓固定在温箱内部，然后对电路板施加各种环境压力测试，在此过程中监视其电子功能。环境压力测试包括高低温循环、振动冲击以及改变输入电压"。

"然后呢?"

Herbie 继续说道："他们不断提高压力测试等级，直到有一些元器件发生故障。他们试图用几个小时的环境压力测试来预测产品的寿命。这是发现产品弱点的好方法。"

"听起来不错。环境压力测试能够证明你的板子是鲁棒的吗?"

Herbie 耸了耸肩，说："令人困惑的恰好是这点。环境压力测试手册要求不断提高压力测试等级直至电路板发生故障，然后去做所谓的故障根源分析。这意味着你需要弄清楚是什么造成故障的，以及如何避免发生故障。假设振动测试造成一个电容的引脚断裂，可以通过更换一种短引脚的电容来解决。但是，并不是所有的故障都有解决方案。例如，假设你一直升高环境温度，但是电路板总能正常工作，直到环境温度升高到120℃，环氧树脂/玻璃板开始像感恩节的火鸡一样变成棕色。我们并不会放弃使用环氧树脂/玻璃板，只能说这种环境压力测试太严苛了。"

"听起来合情合理呀。你的问题是什么呢?"

"我正在对 Gigantor 系统中的 SQUAT 模块做故障根源分析。在70℃或更高的环境温度下运行时，电路板的时钟会变得不稳定。在振动测试，低温环境测试，甚至高低温循环测试时都没有问题，但是，超过70℃时钟就变得很不稳定。"

我对他说："虽然我经常看手表，但时钟并不是我的专长。"

"这不完全是一个技术问题，" Herbie 说："如果我有时间，我能找到时钟电路里的热敏感元器件，可以通过调整元器件来解决这个问题。但是我非常忙。并且，我的老板告诉我，'嘿，你的电路板只要满足50℃环境温度就可以了，现在电路板到70℃才会发生故障，电路板有20℃的温度余量，你不用费力去解决这个问题，你还有许多其他的问题需要解决'。我的老板说得对吗？"

"听起来你的问题似乎是，环境压力测试70℃温箱环境和50℃的 Gigantor 机框环境哪个更恶劣。毫无疑问，这两个测试条件没有什么共同之处，所以很难比较。首先，Gigantor 机箱属于自然对流冷却，因此流过元器件的空气速度不会太大。然而，环境压力测试温箱内有超过 1000ft/min 的空气掠过 Gigantor 机箱。在环境压力测试中，你同时改变了两个变量：提高空气温度，使得电路板上的元器件变得更热；增加温箱内的空气流速，使得元器件变得很凉快。提高空气温度和增加空气流速互相对冲，因此，在70℃环境温箱的测试结果无法反映电路板在50℃时 Gigantor 机箱内的散热状况。"

Herbie 问道："哪一个测试条件更严苛呢？"

"我猜两个都有可能。"我答道："有一些元器件在环境压力测试中会更热，而另一些有可能在50℃ Gigantor 机箱测试中更热，这取决于每个元器件的功耗值。碰巧我还保留了 SQUAT 模块的热仿真模型，可以用 ThermaNator 软件做一个热仿真来看看模拟结果。"我敲了几下键盘，单击了几下鼠标，将环境压力测试温箱的边界条件设定好，开始运行仿真程序。

几个小时后，我们将两个测试条件下模拟的温度云图放在一起来比较（见图24-1），Herbie 惊呆了。他说："这是真的吗？为什么两张温度云图看起来差别这么大？50℃时电路板上的元器件温度高达94℃，而在70℃环境下却只有80℃呢？"

我回答道："环境温箱内强劲的气流实际上冷却了最热的元器件，并加热了最冷的元器件。"

Herbie 一直盯着图片，说："哪一个测试更严苛呢？我还是不知道。左边的电路板有温度最高的元器件，但也有温度最低的元器件。而在环境压力测试70℃温箱中，所有元器件温度都超过70℃，

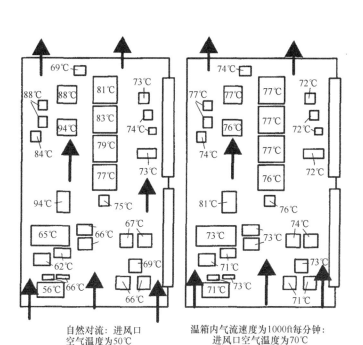

自然对流：进风口
空气温度为50℃

温箱内气流速度为1000ft每分钟：
进风口空气温度为70℃

图24-1　电路板上的元器件在50℃环境下有可能比在70℃环境下更热

但是没有一个元器件温度超过85℃。哪一个是电路板承受温度压力最大的测试呢？"

"两个测试都不是或者两个都是，这取决于你关注的是哪个元器件。你的老板认为，电路板在环境压力测试70℃下能够工作，所以电路板有20℃的温度余量。但事实上，如果导致时钟不稳定的元器件恰好是电路板顶部的高功耗器件，那么该元器件在 Gigantor 机箱50℃环境下的运行温度比在环境压力测试70℃下要高出10℃左右。因此，该元器件很有可能没有20℃的温度裕量，反而会比极限温度高出10℃。"

Herbie 听了沉默不语。

"当然，"我继续说道："对于电路板底部的元器件，你老板的观点有可能是对的。假设影响时钟频率的元器件是位于电路板底部的一颗低功耗元器件，在 Gigantor 机箱 50℃下测试，最高大概为 53℃，而在环境压力测试 70℃下，最高大概为 71℃。在这种情况下，这颗元器件在 70℃环境压力测试确实比 50℃正常运行时的温度高 20℃左右。唯一正确的办法就是，你先做完故障根源分析，找出在高温下造成时钟不稳定的元器件，判定它在 70℃环境压力测试和 50℃正常环境测试下哪个温度更高以及是否需要修复这个故障。你不能仅仅因为 70℃比运行温度极限 50℃高，而忽视 70℃环境压力测试结果。"

"那个做环境压力测试的家伙告诉我，如果不做故障根源分析，那么测试结果是无效的。我原以为你可以让我脱身。看起来，你们质量仿真部门的人都是一伙的！" Herbie 说完，灰溜溜地走了。

第二十五章　锅里的水终究会沸腾

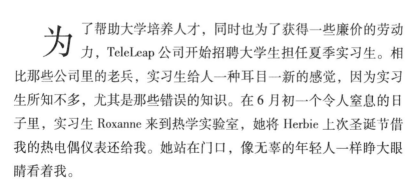

实习生 Roxanne 没有相信关于冷却的传统做法。传统的热测试流程是：启动测试后等待 1h，然后记录温度数据。Roxanne 没有遵循这一传统测试流程，她一直等到温度稳定在一个最大值时才开始记录，然后发现测试结果全变了。

经验：热时间常数和瞬态对流。

为了帮助大学培养人才，同时也为了获得一些廉价的劳动力，TeleLeap 公司开始招聘大学生担任夏季实习生。相比那些公司里的老兵，实习生给人一种耳目一新的感觉，因为实习生所知不多，尤其是那些错误的知识。在 6 月初一个令人窒息的日子里，实习生 Roxanne 来到热学实验室，她将 Herbie 上次圣诞节借我的热电偶仪表还给我。她站在门口，像无辜的年轻人一样睁大眼睛看着我。

"我能为你做什么？"我问道："Herbie 是否告诉你要取回借条？"

Roxanne 说："或许你可以帮我分析一下，我使用这个仪表时哪里出错了。"

"我喜欢你这种态度，"我说："总是先假设自己错了，直到自已找不到错在哪里。"

Roxanne 从她的爱荷华州背包中掏出一本新的实验室笔记本，在第 3 页有一个变压器的透视图，旁边列了几组数据。然后，她又拿出一张有折角的扇形折叠纸，上面沾有咖啡印迹，还有一个数据表格，字迹很潦草。

Roxanne 解释道："Herbie 告诉我，这个变压器是 Big Brother 项目中电源的重要元器件。Big Brother 是一个政府的项目，他们希望，互联网信息进入政府的计算机之前，能够被过滤掉一些不恰当的内容。Herbie 担心这个变压器会变热，如果真的很热，UL 认证机构会让我们花更多的钱来做绝缘并进行测试，因此，他找了三个公司为我们制作样品。大约一个月前，Herbie 亲自测量了第一个样品的温升。然后我得到实习生的职位，帮他测量剩下两个样品的温升。"

我对她说："你不用告诉我哪个是你的测试结果，哪个是 Herbie 的。你直接告诉我你是怎么测的。"我几乎可以从咖啡渍中看出 Herbie 的影子，就像噩梦般的罗夏测验⊖。

Roxanne 显得很紧张，说："我按照 Herbie 教我的方法，把热电偶线粘在变压器线圈上。然后，我把变压器引脚连接到电源和测试负载上。严格按照 Herbie 说的步骤进行测试。"她翻了翻扇形折叠纸，向我展示了测试装置示意图。

"好的。"

她愁眉不展，继续说道："可是，我的测试数据与 Herbie 的不一致！我测得的线圈温度在 90 ~ 95℃ 之间，而 Herbie 的测试值只有 70℃。我一定测错了，但我不想告诉他，除非我弄明白问题出在哪里。"

⊖ 罗夏墨迹测验是一个非常著名的人格测验。——译者注

"嗯。"我仔细观察了两组数据。也许 Herbie 测量的样品来自于一家出类拔萃的变压器厂商,该变压器的工作温度比别的厂商的低。Roxanne 也想到过这一点,所以她重新测试了 Herbie 以前测过的样品,测得的温度也是 95℃,而不是 70℃。

我询问了 Roxanne 有关测试装置的细节,包括电压、电流、室温。她非常确信她已经遵照了 Herbie 给她的测试指令,她有详细的记录可以证明这一点。

"要测得一个较高的温度值是非常困难的。"我说:"通常情况下,如果你错误地使用热电偶,比如接反了正负极,或者将热电偶贴错了地方,你只会测得一个较低的温度值。"

在每一列温度读数的顶部记录着测试的时间。我比较了 Roxanne 和 Herbie 的测试时间,然后告诉 Roxanne 不用紧张。

我们在 Herbie 的办公区找到了他,当时他正从一罐无糖可乐中吮吸所剩无几的饮料。在我的鼓励下,Roxanne 向 Herbie 展示了不同的测试数据。

"这怎么可能!"Herbie 看完两组测试数据说道:"Roxanne,你怎么把这些变压器搞得这么热?根据你的测试数据,这些变压器将无法用在 Big Brother 系统中。而且,我已经在我的项目状态报告中说明这些变压器能够正常工作。"

Roxanne 张开嘴巴,欲言又止。

"让我问你一个问题。"我问 Herbie:"你想知道变压器的稳定状态温度,对吧?"

"稳定状态?"Herbie 疑惑不解。

"是的,就是持续很长时间之后的状态,换句话说,变压器在很长一段时间后会达到的最高温度。你测第一个样品时,为什么在 1h 后就停止测量?"

"我 1h 后就停止测量了吗?"Herbie 问道。

我问 Roxanne："为什么你测试每个样品时持续时间却长达 6h？"

Roxanne 清了清嗓子，答道："Herbie 告诉我，打开电源后，需要记录变压器线圈能够达到的最高温度。我以前从未做过这样的测试，所以我不知道变压器需要多长时间达到最高温度值。因为我们实习生有的是时间，我只是每隔 15min 来记录一个温度值，直到温度不再上升，整个过程差不多是 5～6h。有时我会让测试跑一个通宵，比如试验 7，然后在第二天早上继续观察 1h，以确保温度达到稳定状态。我不知道还有没有其他更好的办法，对我而言，只能坐在这里静静地等待。"

Herbie 说："哦，我记起来了。为什么我当时会用 1h 作为测试时间，是你告诉我这样做的。我需要快速获取测试数据以便完成项目状态报告，所以我打电话给你，问变压器需要多长时间达到最高温度。"

"你确定当时给我打电话了？"

"其实，我给你留了电话语音信息。由于你当时外出度假去探究恐龙了，我只好从实验室的笔记本找到去年我们测试 HBU 线圈的测试记录。在那次测试中，线圈不到 45min 就达到最大温度值。为了保守起见，我在这个测试中等待 1h，然后记录温度数据并撰写报告。"

我对 Herbie 说道："但 HBU 线圈只是一个信号转化器，尺寸也只是这个变压器的 $\frac{1}{10}$，功耗也不及这个变压器的 $\frac{1}{10}$。它们的热时间常数完全不同。"

"热时间常数？你是刚刚编造的这个词吧。我猜你是在《星际迷航》电影中听到这个词的。"

"绝对不是！"我从 Herbie 桌上取了一张扇形折叠纸，在纸上画了一个草图，对他说："让我来解释一下。首先，我们做测试时有 99.9% 的时间是在等待元器件达到稳定状态温度，或者说，元器件在很长一段时间之后才会变得最热。因为我们的产品一旦开机，就会保持永久通电状态。了解元器件需要多长时间才能达到稳定温度状态，这是很有意义的事情，至少你不必长时间坐在那里，一直观测温度的变化情况。有两种方法可以计算这个时间值，不幸的是，哪一个方法都不容易。"

"如果知道元器件的功耗、质量和比热容，那么可以用方程来计算元器件温度上升时间。温度上升的速率取决于元器件和空气之间的温度差，因此，随着时间的变化，温度上升速率也是变化的。图 25-1 描述了变压器温度变化的公式和曲线。刚打开电源时，温度会快速上升，但随着温度的上升，温度变化的速度趋缓。也就是说，越接近温度的最终值，温度变化得越慢。"

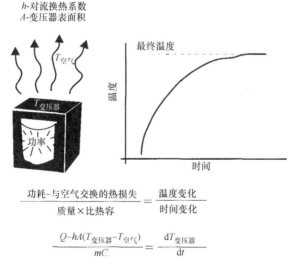

$$\frac{功耗-与空气交换的热损失}{质量 \times 比热容} = \frac{温度变化}{时间变化}$$

$$\frac{Q-hA(T_{变压器}-T_{空气})}{mC} = \frac{\mathrm{d}T_{变压器}}{\mathrm{d}t}$$

图 25-1　元器件加热到最终温度的时间取决于它的
质量和比热容，而不是你希望获得测试数据的时间

Herbie 皱起了眉头，说道："我不喜欢微分方程。方程里面有太多的差分变量。请问另一种方法是什么？"

"Roxanne 使用的测试方法。我们假装不知道如何计算元器件的热时间常数，将仪表连接好，打开电源开关，观察仪表直到显示的温度值不再升高。我再给你一个提示，根据我的经验，电子元器件的时间常数大约在几分钟到 24h 不等。因此，多花些时间待温度稳定后再记录，比自以为聪明提前结束测试要安全得多。"

Herbie 说道："好吧，我聪明反被聪明误。好在 Roxanne 并没有采用我的方法。有时候笨办法却是最好的方法。把你的测试数据给我吧，我需要更新一下 Big Brother 项目的状态报告。"

我和 Roxanne 离开 Herbie 的办公区，只留下他一个人在那发牢骚。Roxanne 对我说："我还有一些时间。你能告诉我如何查找比热容吗？我很好奇，想看看这个方程预测的温度稳定时间和我的测试时间是否一致。我不惧怕微分方程。"

我借给她一本我最喜欢的大学教科书《Heat Transfer》(作者：J. P. Holman)。第二天，Roxanne 将书还给我，同时带来了几张打印稿。她对我说："我用两种不同的方法求解了这个方程式。首先，我用教科书上的分析方法，求解微分方程得到了一个封闭解。式(25-1) 是之前你提供给我们的方程。"

$$\frac{Q - hA(T_{变压器} - T_{空气})}{mC} = \frac{dT_{变压器}}{dt} \tag{25-1}$$

"由于 h 和 A 已知，根据对流换热方程可以计算变压器的最终温度。"

$$Q = hA(T_{终值} - T_{空气}) \tag{25-2}$$

"式中，$T_{终值}$ 是变压器的最终温度。将式(25-2) 代入式(25-1)，得到一个简化的微分方程。"

$$\frac{hA(T_{终值} - T_{变压器})}{mC} = \frac{dT_{变压器}}{dt} \tag{25-3}$$

"对式(25-3) 进行积分，求出积分常数，可以得到一个简单解。"

$$\frac{T_{终值} - T_{变压器}}{T_{终值} - T_{空气}} = e^{\frac{-hA}{mC}t} \qquad (25-4)$$

"我们电子工程师比较熟悉这个方程，它跟描述电容充电的方程式很像。其中，hA/mC 被称为方程的时间常数。我想这就是你昨天提到的热时间常数吧。我知道，在描述 RC 电路的方程式中也有一个时间常数。"

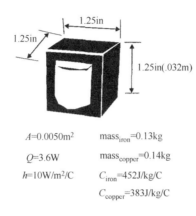

A=0.0050m^2	mass$_{iron}$=0.13kg
Q=3.6W	mass$_{copper}$=0.14kg
h=10W/m^2/C	C_{iron}=452J/kg/C
	C_{copper}=383J/kg/C

图 25-2　Roxanne 的变压器信息

"图 25-2 包含了变压器的详细信息，包括铜和铁的质量。我自己花了很长时间才算出铜和铁的质量，到最后才突然发现，其实给供应商打电话可以轻松获得铜、铁的质量。为了控制成本，供应商对所有材料的信息了如指掌。"

"经过计算，hA/mC 大概是 0.00045s^{-1}，时间常数是它的倒数，大约是 2200s，也就是 37min。在描述电路的指数函数中，函数在一个时间常数内达到其终值的 63%。因此，不必做复杂的数学计算，就可以估算出等待时间。大约 0.5h 后，距离最终温度不到 37%。大约两个时间常数以后，距离最终温度不到 14%。三个时间常数以后，元器件温度达到最终温度的 95% 左右，四个时间常数以后可以达到 98%。令人惊讶的是，即使不知道最终温度值，却可以预测元器件温度达到最终温度的98%时所需要的时间。大约是四个时间常数，在我的变压器测试中，大约是2h30min。"

Roxanne令我刮目相看。在我们部门，实习生做的唯一有用的工作就是复印期刊文章。"你给Herbie看过吗？"我问Roxanne："他下次做变压器测试时可能用得着。"

Roxanne自豪地笑了。她告诉我："Herbie看到微分方程就迷糊，而且他不喜欢计算结果里有e，所以我不得不换一种方式向他解释。我向他展示了如何利用电子表格来求解方程，其中并没有用到微积分。我将你提供的微分方程，对时间和温度做了离散化处理，得到一个简单的代数方程。"

$$T_{变压器,新} = T_{变压器,旧} + \frac{\Delta t}{mC} [Q - hA (T_{变压器,旧} - T_{空气})] \quad (25\text{-}5)$$

"开始启动电源时，变压器的温度与空气温度相同，所以$T_{变压器,旧}$的初始值是$T_{空气}$。式（25-5）中剩余的项都是常数，因此，可以很容易地计算出$T_{变压器,新}$。在下一个时间步长中，新的T变成旧的T，然后计算出另一个新的T。不断重复上述计算过程，直到变压器温度不再上升。这个计算很容易用电子表格来完成。这里有一张Herbie自己制作的变压器温升曲线图（见图25-3）。"

这令我惊叹不已，Roxanne教会Herbie做瞬态换热计算了。还有什么事情是这个实习生做不到的呢？"你分析得非常好！"我尝试鼓励她："也许你想改行学习传热学。"

Roxanne第一次露出失望的表情，她问我："你知道我在这个项目中真正学到的是什么吗？"

"能告诉我吗？"

"我做的这些事情跟我们在大学里做的都差不多。我们在实验室进行实验，然后应用数学和计算机分析问题，找出答案。我喜欢做这些事情，这也是我想成为工程师的原因。但是，一旦我们得到一份工作，就不得不放弃做一些有趣的实验工作。我们不得不花费

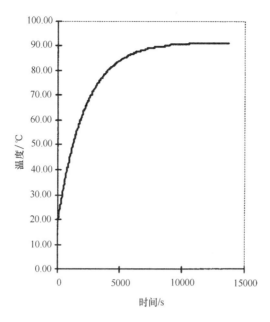

图 25-3　变压器温升曲线

大量的时间去参加各种会议，填写表格和撰写状态报告。这也是 Herbie 没能正确测量到这些变压器温度的原因。如果他有足够的时间认真思考，他应该能够算出这个时间常数。Herbie 除了习惯使用捷径之外，他忘记了解决问题的正确方法。因此，我真正学到的是，如果我在工作中永远不会使用工程学的知识，那么我在大学学习这些知识又有什么意义呢？"

　　我点头表示赞同。我认识一些工程师，他们的主要工作就是想出一些新的缩略词来迷惑他们的同事。我希望能安慰到自己和 Roxanne："你是对的。真正的工程问题与教材每章后面的家庭作业不太一样。你得去参加各种会议，你会遇到很多像 Herbie 这样的人，他们从以前的工作经历中学到了很多蹩脚的捷径。但是，有一些偶然的机会，还是得依靠你的聪明才智才能解决一个很好工程问题。至少在你自己的内心深处，这可能会比项目结束时发放的咖啡杯和 T 恤更有价值。"

"嗯，是的！"她回答道。

"还有一些事情会让你觉得有价值？"

"是什么事情？"

"或许工作一年半载之后，你会发现身边有一些人是值得你去教的。"

第二十六章　最新的热 CD

当你发烧时，护士有没有给你的舌头下面放一些冰，然后再给你量量体温。Herbie 想把散热器只放在那个温度测量过热的元器件上。

经验：一个复杂的装配可能不仅仅是一个单一的工作温度限值，这个限值可能会在不同环境条件下改变。

在过去的好时光，一个大学辍学的学生能编写一个少于 64K（千字节）的程序。当连加菲猫屏幕保护程序都要占用 8MB 的磁盘空间，现在这样的经济性就是一个笑话。我仔细思考这一趋势，想知道是否我思考的计算机内存趋势与我父母关于退休金的想法相同。"现在的孩子不知道一个字节的价值！"所以，我并不惊奇发现了一个为耳机管理单元备份软件系统的磁盘需要 640MB。

Herbie 向我展示了一个光盘的样品，像往常一样，硬件让我觉得惊奇。它的尺寸有点像软盘驱动器，约 5in 长、8in 宽和 0.5in 厚。它使用一个看起来像 3.5in 软盘的可卸盒式磁盘。"这个可以容纳 640MB？"我问。

Herbie 咧嘴一笑，说："不仅如此，而且只要你愿意，你可以读和写很多次。这是快速的，不像那些磁带需要花 0.5h 下载。"

"哇。看起来适合个人计算机。我能要一个给我的计算机吗?"我问。

"当然，"Herbie 说。"这是为个人计算机设计，但价格就像五角大楼（美国国防部）。它的成本超过你的整台计算机。但如果你能帮我们解决热的小问题，也许我们其中的一个样件会从购物车掉落，并且在面板上产生不少划痕，所以它不得不被，我们应该怎么说呢?"

"挪用的?"

"无论如何，"他说，并且从他的包里面拿出了一本 150 页的手册。"这是 OpticarTridge 定义的热环境。驱动应该水平安装，需要一个风扇吹 30CFM 的空气穿过它，入口空气的温度被限定低于 45℃。在我们设备中会垂直安装它，根本没有风扇，并且入口空气温度会达到 50℃。可以吗?"

我开始大声笑。"你是认真的，对吧? 你想在卡车轮上安装一辆自行车轮胎，并且要求我推荐合适的充气压力?"

Herbie 耸耸肩，说:"我们知道它不能额定在 50℃。但是，像往常一样，我们已经告诉客户我们会把它创造出来。难道我们不能在某个地方放个散热器?"

"这不是《星际迷航》，"我提醒他，"我不能发明一种新型的将热量送入平行宇宙空间的粒子。把光驱动器和手册留下来，我看看我能想出什么法子。你确定不想在这个家伙上放置一个风扇?"

"对不起，"Herbie 说，"在 Vlad 的 HBU 事件之后，我们真的想远离风扇。"

这个 OpticarTridge 手册是一个少见的好东西，因为它实际上给出了很多有用的信息，而不只是安全警告。它主要面向个人计算机的设计人员。它不仅仅告知了需要多少冷却空气，而且它提供一个方法来告诉你是否足够冷却它。

手册有一幅光驱及盒子的图片，其中标注了测量温度的地方和温度的一个限制表（见图 26-1 和表 26-1）。似乎很简单。把这个驱动放在你的计算机里，在三个地方测量温度，如果测试值低于限制，一切都很酷。在很多方面。

这个表格中有一线希望。没有任何限值是低于耳机的最大操作温度 50℃。

我认为 OpticarTridge 确认了三个合适的温度测量位置。如果他们这样做，他们会把驱动分开，把热电偶放在每一个部件的里面，然后使它运行工作。然后他们会选择这三个位置温度来代表所有的温度。在光驱动内部有很多的元器件，如电动机和激光器，它们可能变得很热并且当过热时性能会衰退。但在外面的部分，例如 Read Amp 和 DSP 芯片，空气流速比埋在里面的元器件更敏感。毕竟，风对烟囱上鸟儿的影响要大于鸟儿在我身上时的影响，我整个人都懒懒地蜷缩在床上。但图片和表格是我所不得要工作的。

所以我在他们推荐的三个部分装上温度传感器，把驱动放入耳机管理单元，并且在读写到光学盒时进行温度测量。事实上，Herbie 进行了绝大多数的操作，而我做了大部分的热电偶线。表 26-1 说明了这些。

表 26-1

位　　置	测 量 温 度	温 度 限 制
入口空气温度	50℃	—
Read Amp 芯片	81℃	85℃
DSP 芯片	73℃	75℃
外壳	65℃	55℃

"看起来像最薄弱的环节是光学盒。随着环境上升，它比其他元器件先达到温度限制。"Herbie 看着图说。

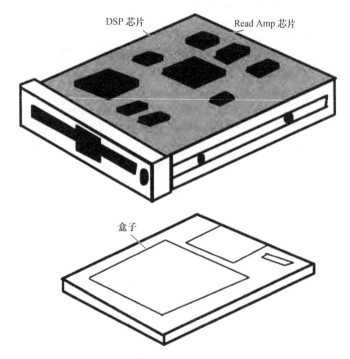

图 26-1　供应商建议测量这些点，以测量整个光驱的热状况

"对不起，"我说，"这个盒子的温度比它的 55℃ 限值温度高了 10℃，所以它永远也无法在 50℃ 的环境下工作。不幸的是，你不能添加一个散热器或做任何其他事情来让盒子降温。"

我暗暗地松了口气，薄弱环节是盒子而不是 Read Amp 或 DSP 芯片。如果它们一直太热，Herbie 会让我给它们推荐合适的散热器。当然，散热器可以将它们的温度冷却到温度限制以下。但我将解释为什么这不能解决问题。这就像通过卸下你的汽车仪表板的警示灯泡来修复汽车的低油压问题。Read Amp 和 DSP 芯片不只是热的元件——它们也是驱动器内部你看不到的其他过热元器件的反应。所以，通过对它们安装散热器来冷却它们，只会掩盖问题。驱动器内部的过热元器件会变得更热。

Herbie 把盒子举到眼睛前面，试图通过塑料外壳的缝隙来观察内部情况。"我们能不能增加一些通风孔，或者添加一块金属板？"

"Herbie，我们不卖盒子给客户。他们通过 OfficeJoint、CompMarket 或 Joe's Cheap Bytes 进行购买。我们没办法使它们的温度更低。"

"所以如果它们超过 55℃ 会发生什么？它们不会熔化，对吧？我把它放在 60℃ 的恒温箱内三天，并且它工作得很好。"

我说："不，它们不会在 55℃ 下熔化。据我了解，它们可能可以在高于这个温度下工作。但当高于 55℃ 时供应商停止担保。所以它们必须看到一定比例的盒子开始卡顿，或者随着时间的推移不能维持正常，或者开始跳曲，或者谁也不知道的失效模式。当公司都无法保证这些盒子可以工作在 55℃ 以上，你要来进行保证吗？"

Herb 点了点头。"幸运的是，我们客户不会一直使用这个驱动器。只是为了备份或加载新软件。我将与营销巫师们聊聊，看看他们怎么说。或许我们可以在使用说明中注明当环境温度超过 40℃ 时不适用光驱。"

"说明书不要印刷得太好，我会买的！"我说。

事实证明，客户也愿意购买它。他们已经习惯于数据备份设备不可以在 50℃ 时使用的观点。在光盘之前，他们不得不使用磁带盒，这些磁带盒恰好也是由光盘厂商制造的。高于 45℃，磁带上的涂层开始变成糊状。

我们提出了一个大容量存储设备，它可以在高温下工作：纸带打孔。除了周围有火，它是非挥发性的，并且随着时间推移不会衰减，甚至可以达到 75℃。不幸的是，640MB 的存储空间需要大量的纸带才能给宇航员的太空头盔提供支持，并且需要 18.2

年进行加载，而且还不包括三班倒的设备操作员中间的茶歇时间。

我们的客户勉强接受了光驱，但是市场部门告诉我们继续在说明书上做文章，以防有人挑剔。

第二十七章　什么是 1W

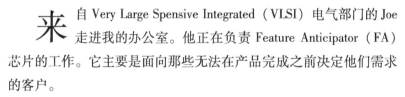

　　一个耗散 1W 热量的元器件有多热？就像房地产一样，这取决于位置、位置、位置。

　　经验：对流 + 传导 = 耦合传热，一个棘手的问题可以影响你的直觉。

来自 Very Large Spensive Integrated（VLSI）电气部门的 Joe 走进我的办公室。他正在负责 Feature Anticipator（FA）芯片的工作。它主要是面向那些无法在产品完成之前决定他们需求的客户。

　　"我们认为我们可以用一个简单的触发器，但事实证明犹豫不决的客户比任何人想的都要多。"Joe 告诉我。

　　"我可以帮到什么吗？"我问。

　　"看起来 FA 芯片将产生大约 1W 的热量。我们还不确定，但它可能是 1in^2 的塑料封装。"Joe 说，"我想到了状态机，而不是蒸汽机。我不知道 1W 有多大。它是真的很热还是什么？"

　　"好吧，你想让我把它等比例放大，例如填满超级碗（超级碗是美国国家美式足球联盟的年度冠军赛）需要多少瓦？"我说。

"首先，让我们看一个基本的定义。瓦是一个电力的单位，电力是单位时间的能量。并且能量和功是一样的。下面举个例子。站起来。"

当 Joe 站了起来，我抓住他的棒球帽，并且把它从他的头扔到地板上。Joe 把它捡起来，马上又把它戴在头上，我又把帽子掀翻在地。

"嗨，这是怎么了!" Joe 抱怨道。

"1W 是什么。如果你每 2s 从地板上捡起你的 Kane County Cougars（坎恩郡美洲豹是美国职棒大联盟球队，奥克兰运动家旗下的球队）帽子，并且把它放在你的头上，你正在以大约 1W 的举起力量速率做功。"

Joe 坐下来并且说："1W 似乎比我想象的更大。"

我说："我没有包括你身体上下移动浪费的能量，只考虑了提起 4oz$^{\ominus}$帽子的有用输出。这里还有一个来自 Marks 写的《Standard Handbook for Mechanical Engineers（7th Edition）》的数据。坐在那里什么都不做，你的帽子在头上也不移动，你发出了大约 60W 的热量。"

"60W!" Joe 说。"那为什么我不觉得热?"

"如果空气不能持续的把热量带走，你会感觉很热。"我说。

Joe 闭上了他的眼睛，试图想出新的观点。"好吧，"他说，"所以人体就像一个普通灯泡，尽管在一些人的眼中你发誓它们肯定少于 20W。而 FA 芯片是 1W，也就是我的发热量的 $\frac{1}{60}$。那么如何计算 FA 芯片有多热——是将我的体温除以 60 吗?"

我咬紧了牙齿，说："不是那么简单。这取决于芯片周围发生了什么。我来举个我们办公室的例子给你听。当他们对建筑进行分

$\ominus$ 盎司，1oz = 28.3495g，后同。——译者注

隔时，他们敲掉了很多内部墙壁，并且重新布置了空调出风口。他们设计了这个没有通风管道的会议室。空气只能通过门进出。我带你出去看看。"

我们穿过大厅，并且坐在空荡荡的会议室。"对我来说似乎还行。"Joe说。

"是的，"我说，"门开着的话，我们两个可以在这里坐上一整天。但试想一下十几个人在门虚掩的情况下开2h会议。你会像Patrick Ewing（前美国男子职业篮球联赛的运动员）在罚球线上一样大汗淋漓。"

Joe点点头说："所以我的芯片的温度取决周围的情况和空气流动？"

"对极了！"我说。"现在让我们看看一些在计算机上的东西。"

我用ThermaNator创建了一块PCB，其中心放置了一个1W的元器件。"没有风扇，对吧？"我问。Joe点点头，于是我模拟了板子好像悬挂在一个20℃空气的屋子里。图27-1显示了结果。

Joe说："我的芯片只有比空气高18℃。这并不是太糟糕。"

"让我们看看当我们尽可能远地添加两个相同的元器件时会发生什么。他们应该不会有太多的相互影响。"我建议道（见图27-2）。

Joe说："原来的元器件温度很难再升高。可是为什么角落的这个新的元器件温度这么高？"

我说：" 热量从元器件扩散进入板子，以及直接进入空气中。这个板子就像一个散热器。在板子角落的元器件热量只能在两个方向传递而不是四个方向。"

Joe开始进入了状态。他说："但是如果我们在板子底部角落添加两个元器件（见图27-3）会发生什么？它们会和顶部角落元器件一样吗，或者在底部的空气温度更低？"

"当你将这些影响温度的事情结合在一起时是很难判断的。但

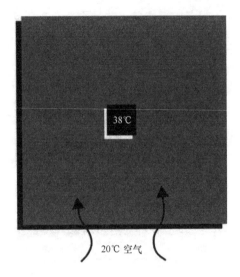

图 27-1　1W 自然对流

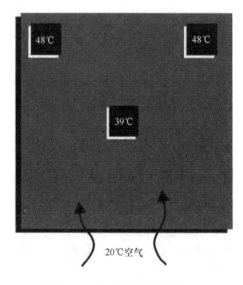

图 27-2　每一个元器件都是 1W

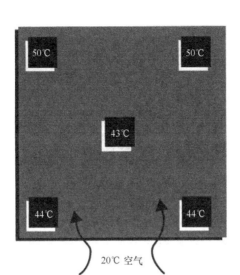

图27-3　为什么这块5W板子的最低温度在中心

ThermaNator 可以为我们做'假设分析'。"我说,"让我们试一试。"

"这是奇怪的!"Joe 说,"最低的元器件温度在板子的中间。我从来都没有想到。"

"你看到结果后是有道理的。"我说,"但是很难提前预测。即便热量和温度整天都在我们周围,但是人们对它们没有很好的直觉。你认为如果我们保持元器件的数量一致,只是把它们都放在板子中间(见图27-4)会发生什么? 这还是一个只有5W的板子,和 Model 1 Crosser System 中常见的板子一样功率。"

Joe 看了看新结果说:"正如我所料,中心的元器件最热,在顶部的元器件温度下降了一点。似乎你可以玩这个一整天来得到任何你想要的温度。"

我说:"这就是一整天所要做的——确定元器件位置然后看看温度情况。让我们试着最恶劣的情况:用1W的元器件填满整个板(见图27-5)。"

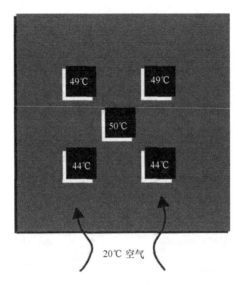

图 27-4   这块 5W 板子情况相反

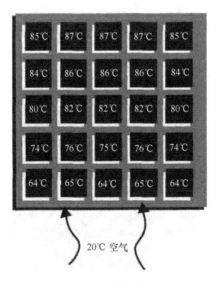

图 27-5   一个 1W 的元器件是 64℃还是 87℃？

"神圣的砷化镓!"Joe喊道。

"是的,这些87℃的元器件可能太热而不能长时间工作。"我说。

Joe看上去像一个孤立的小狗。"如果一个1W的元器件可以是从39℃到87℃之间的任意一个,你是如何知道哪一个才是真实的?"

我回答:"印制电路板设计师没有将它称之为房地产。要想知道元器件会有多热,你必须考虑房地产行业三个最重要的因素:位置、位置和位置。"

第二十八章　热阻神话

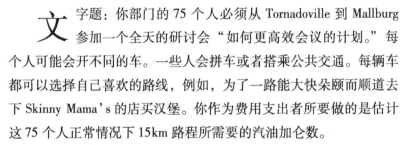

找到结温是一切的关键。但事实证明，计算它
的唯一方法是基于上古神话而不是物理公式。就如
柯克船长说的"事实上所有的传说都有一些事实依
据，在更好的事物出现之前，你只能坚信这个
神话。"

经验：传导；结和外壳之间的热阻定义。

文字题：你部门的 75 个人必须从 Tornadoville 到 Mallburg
参加一个全天的研讨会"如何更高效会议的计划。"每
个人可能会开不同的车。一些人会拼车或者搭乘公共交通。每辆车
都可以选择自己喜欢的路线，例如，为了一路能大快朵颐而顺道去
下 Skinny Mama's 的店买汉堡。你作为费用支出者所要做的是估计
这 75 个人正常情况下 15km 路程所需要的汽油加仑数。

抛开你的地图和计算器。这个问题没有一个答案，至少没有一
个唯一的正确答案。因为你不知道多少汽车将采用哪条路线和驾驶
速度，所以没有办法准确地计算出将会变成温室气体的燃油数量。

然而，这正是每天我不得不解决的问题。它被称为"计算元器
件的结温。"

Herbie 和其他在 TeleLeap 的人员过去常用出口空气温度来判断

他们产品的设计热是否合理。但我说服他们电路正常工作取决于元器件结温（T_J）而不是空气温度。如果他们知道计算结温有多么困难，也许他们就不会相信我了。

元器件结温是如此的真实和有用，即使像大名鼎鼎的摩托罗拉也开始以 T_J 来评估元器件的性能。逻辑上这种考量的唯一缺点就是：几乎不可能测量元器件的结温。它就像测量你心脏的温度一样，除非切开你的胸腔，并且在你跳动的心脏上贴一个传感器。切开一个封装的元器件，并将探针贴在硅片上的难度可要大得更多。

所以我退而求其次的做法是——在元器件的外壳表面上粘贴一个热电偶来测量壳体温度（T_c）。这没啥难度，只需要 10min 的培训来保证你的手指不粘在一起。结温应该使用下式来计算：

$$T_J = T_c + QR_{j\text{-}c} \tag{28-1}$$

这里的 Q 是指元件的发热量，$R_{j\text{-}c}$ 是结点到元器件表面的热阻。这个数值据称是元器件的物理特性，这只取决于元器件的材料和封结构。这个数值有时会出现在元件制造商的手册中。

但 $R_{j\text{-}c}$ 就如同一个神话。就像大多数的神话一样，它起源于古代民族的信仰，在这里就是 20 世纪 60 年代的元器件工程师。一条线索是来自于名字"结温"。为什么不叫芯片或核心温度？今天有几十个，几百或甚至上百万的结点在一个核心上。结是指晶体管中的术语，是晶体管发生以及 N 极和 P 极聚在一起的地方。如图 28-1 所示的单个晶体管出现时，结点至外壳的热阻概念被提出。

这个元器件是一块大石头切为硅片之后塞入一个金属外壳中。热量在结点处产生，之后从硅传递至金属外置，直至最后进入到空气中。金属是热量的良导体，所以它的外壳基本是一个温度。这就允许我们的前辈工程师发明一个基于外壳温度计算结温的简单方

图 28-1　当热阻 $R_{j\text{-}c}$ 被定义时晶体管看起来像什么？

法。他们画了一个热流路径，因为他们很容易理解一个像欧姆定律一样的方程，发热量（Q）类似于电流（I），温度（T）类似于电压（V），热阻（R）类似于电阻（R），如图 28-2 所示。

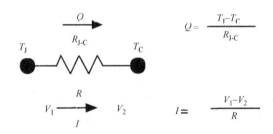

图 28-2　与欧姆定律类似的热传导公式

　　对于热量传递而言只有一个路径，所以它可以用单一的热阻路径来描述。因为这种方法非常成功，我们都为之着迷。尽管元器件比过去的晶体管要复杂太多，我们仍然假装它只有一个热量传递的路径。但是图 28-3 显示的是当前一个典型的塑料封装元器件。怎么可能用一个热阻值来正确地描述所有不同的热流路径呢？

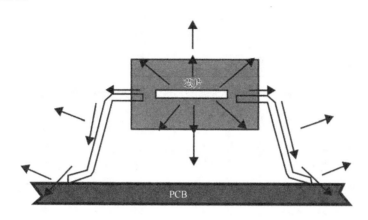

图 28-3　如何用一个热阻值来正确的描述所有不同的热流路径呢？

图 28-3 中的小箭头描述了热量如何通过许多并行路径离开芯片。它不仅通过塑料封装外壳的顶部，而且通过侧面引脚进入电路板，甚至通过元器件底部表面。

这个问题马上被意识到，这些年来一些善意的人们想出了一个出色的原始概念来描述这种复杂性，如图 28-4 所示。

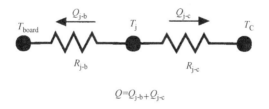

图 28-4　R_{j-c} 热阻概念的轻微改进

他们把心爱的 R_{j-c} 建模，并复制到第二条热流路径上。他们认为热量在两个方向上传递，从"结"到封装的顶部（case），以及通过引脚到 PCB。结点到 PCB 之间的热阻称为 R_{j-b}。他们甚至发表了一些常见封装元器件的 R_{j-b} 值。如果你知道了元器件下方 PCB 的温度和元器件的壳温，那么你可以计算元器件结温。这个想法在正确的方向上迈出了一大步，它当没有流行起来，可能因为还存在一些不足，即 R_{j-b} 的值并不是一个常数，它很大程度上取决于 PCB 内的铜含量和周围的空气流速。

与此同时，研究人员一直致力于解决这个问题。Clemens Lasance 和 Harvey Rosten（因为我和他们一起吃过晚餐，我往往会更相信他们）撰写了一篇关于这个主题的论文[⊖]。他们说需要一个或两个以上热阻来描述元器件内部的热流路径。图 28-5 是他们给一个具有 208 个引脚的 PQFP（Plastic Quad Flat Pack）封装的热阻网络例子。

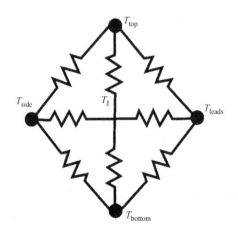

图 28-5　一个 208 个引脚 PQFP 的实际模型需要多少热阻来描述

⊖　Lasance, C., Vinke, H. 和 Rosten, H., "Thermal Characterization of Electronic Devices with Boundary Condition Independent Compact Models." *IEEE Transactions on Components, Packaging, and Manufacturing Technology*, Part A, Vol. 18, No. 4, December 1995。

Lasance 和 Rosten 甚至提出了一些测量方法来得到这些热阻值，以便它们可以与环境和 PCB 结构无关。这种方法看起来前途光明，但还远没有达到行业标准。

我向你展示这个热阻网络的原因是让你知道计算结温是件多么复杂的事情。它就像本章开始的油耗计算问题一样棘手。

> "但事实上所有神话都有一些现实基础！"
>
> —J. T. Kirk，USS Enterprise

如果结温是如此重要，然而我们最好的计算方式只不过是一个神话，我们应该怎么办？我讨厌这样说，由于目前我们还没有一个实际和正确的方法来得到结温，所以我坚持 $R_{j\text{-}c}$ 的神话。我不主张我们所有人的头埋在沙子里，忽视了这种方法的缺陷。我继续使用 $R_{j\text{-}c}$ 来计算结温，但应意识到这只是估计。直到更好的东西出现，就像 Lasance 和 Rosten 的网络热阻方法，我使用 $R_{j\text{-}c}$，因为壳温和结温是彼此相关的。我只是不能确定结温会比壳温热多少。所以相对于测量附近的空气温度而言测量壳温可能是了解元器件散热情况相比较好的方法。

- 如果我用最恶劣热功耗去估计结温，若 $R_{j\text{-}c}$ 是保守的，那么估计的结温也会保守——也就是说，我会认为估计的结温会比真实的情况要高。这会导致我在可靠性的角度上有错误判断（我认为）。

- 对于可靠性，我是基于供应商的元器件工作温度限值进行降额。他们说一个典型的晶元在它达到150℃之前都不会烧毁，但良好设计准则说它只能跑到125℃。这个降额让我在预估结温中即便有点偏差也是安全的。

- 我用这种方法测试的板子似乎在工作中运行很好。从长远来看，这才是最重要的（尽管，我无法承诺我们实际上有这些正确的数据可以证明它）。

在中世纪，天文学家认为太阳和恒星围绕着地球转。虽然这一整个理论都是错误的，但他们制定的一个系统还是可以准确地预测行星的位置。这不是正确的，但它却能工作。这是我们今天寻找结温的原因——成功或继续神话。

第二十九章　热电制冷器是热的

电气工程师喜欢这些全电子化的制冷器。Her-bie 提议在新系统中使用它们，后来放弃了，因为他了解到热电制冷器不仅花费巨大，而且它们还要求有风扇和散热器，并且会使元器件比不使用制冷器时更热。如果它们根据制造商宣传的那样进行工作，为什么它们还那么糟糕？

经验：珀尔帖效应冷却。

"Let's-See-Where-We-Are"的主题会议回顾了 MMMnMM（Multi-Media Mix 'n' Match Manager）项目，而我听说全天都会有甜甜圈，所以偷偷地溜了进去，并且坐在后面。我醒来的时候 Herbie 正展示系统框架视图。

"通过去除最初设计中的风扇盘，我们能够在机架中塞进去一个额外的机箱。"他放大声音自豪地宣布。

我吓得差点没把嘴里的蔓越莓松饼喷出来，但我继续听他说。"我们已经决定使用一些新技术。"他说，"去除传统的机械式散热片和风扇，改成清洁、可靠和电气的。它被称为热电制冷器。"

当泡沫咖啡杯在我手中"吱嘎"作响时，房间里几乎所有人都在看我。MMMnMM 的项目经理跳到发烫的投影仪前说："从散热的角度，不是有意冒犯任何人。但 Herbie 上周在销售会议上告诉我们关于这个神奇的新设备，我们实在无法抗拒。这是一个完全电子化的设备，没有移动部件，可以粘到一个发热元器件上。它吸收热量并将其转换回电能，然后安全引入到接地中。昂贵的——你说的没错——但是你永远不需要更换空气过滤器或给轴承润滑。"

"好吧！"我说，"热电制冷器不仅仅花费很多，而且你仍然需要风扇和散热器，使用更多的电力，并且元器件的温度要比它们最初的时候更高。除此之外，我完全赞同他们。"

Herbie 皱起了眉头。会议进行到下一个议程项，然后我和他偷偷溜出去到大厅旁的空会议室中。

"这是几周前我们试图解决的问题。"我说，"系统中每个板子上都有一个这样的 INFERNO 芯片。它发出 4W 的热，我计算会达到 100℃（见图 29-1），除非我们添加散热片或风扇。"

Herbie 说："没有放置散热器的空间，因为板子靠得太近了。所以你说我们的机架中需要一个大风扇盘。但我们讨厌风扇。"

"我也是。"我说，"除了几乎所有其他类型的冷却装置，我最讨厌风扇。我喜欢热电制冷器。它们看起来就像一个奇迹。并且它们就是。但就像 Monkey's Paw 故事$^{\ominus}$，它给予你希望，但是你要付出的代价远远超出你所能想象的。"

"所以热电制冷器就像是一个骗局，就像去年我把我所有的钱放在 Crop Circles 期货基金中？" Herbie 说。

"不。我相信它的销售小册子中说的功能。这个技术已经有几百年了，所以它们已经解决了这些缺陷。但我不知道推销员可能会做出什么样的惊人说法。告诉我你的想法。"

"这是一个电子冷却器。"Herbie 说，"你给它通上电，它就变冷了。我知道没有电力不能冷却任何东西，但这是用电降温的。"

$\ominus$　Monkey's Paw 是英国小说作家 W. W. Jacobs 的恐怖小说。——译者注

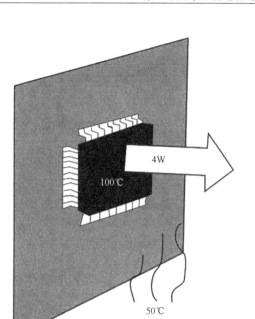

图 29-1　INFERNO 芯片，在没有散热器
的自然对流时，会比进来的空气高 50℃

"很接近，"我说，"但你不是认为它吸收元器件的热量，并且
将其转换为电能吗？"

Herbie 咯咯地笑了，"没有。那个项目经理所说的不是非常的
专业。他的工作是保持乐观的心态，在相信宇宙物理法则下是很难
做到的电能转换的。"

"好的！"我说，"你知道普通的电冰箱是如何工作的，就像那
个在地下室为你的吧台制备冰块的电冰箱。如果不采取措施，热量
从高温到低温。但是如果你输入一些电力，比如通过运行压缩机，
可以迫使热量从冷到热，这样你可以使物体温度下降或制冰。"

"好的！"Herb 点了点头。"你接通电源，让东西冷却。"

"更准确地说，你所做的是把你的电冰箱里物体的热量提取出来并放到其他的地方，譬如你的吧台周围的空气中。这使得一个地方比较冷另一个地方比较热。"我说，"热电制冷器做着差不多同样的事情。"

"热电制冷器如同一个三明治。面包就是一对金属或陶瓷板，在中间有很多像花生酱一样的微小的平行热电偶。热电偶就是一对不同金属材料的电线，并且如果加热一个端而冷却另一端，它会产生一个电压（见图29-2）。反过来也是一样的。如果你用供电电压穿过热电偶的三明治，一边比环境冷，另一边比环境热。"

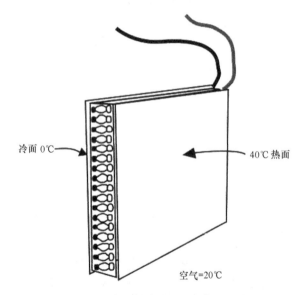

图 29-2 热电制冷器用电来产生温差

Herbie 问道："有什么问题吗？我们把冷端贴在我们的元器件上，它将使元器件达到 0℃。"

"这并不管用。"我说，"热电制冷器只会让两侧有冷热温差。每一侧的实际温度取决于周围的情况。不仅如此，热电制冷器的效率相当低。为了去除 INFERNO 芯片的 4W 热量，它可能需要 10W 的电能来创造 40℃ 的温差。电能也会转换成热能，并且不得不从热

端流出。如果你把一个热电制冷器放在 INFERNO 芯片上，它可能
看起来像这样（见图 29-3）。"

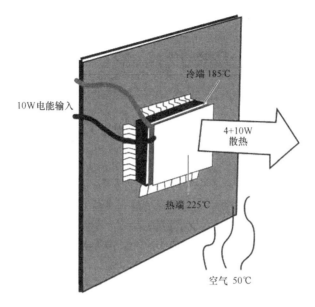

图 29-3　不幸的是，电能转变为热量，连同原来
INFERNO 的 4W 热量，自然对流必须带走

"气流和几何相比只有 INFERNO 芯片时的状态没有太大变化。
但是记住它在只有 4W 热量的情况下就会上升到 100℃。从 4W 到
14W 我们多了三倍的热量，所以表面温度与入口空气温度的温升是
原来的三倍以上。这使得热电制冷器热端的温度在 225℃。冷端低
于热端 40℃，那就是 185℃，你说这个 INFERNO 芯片会有多热？"
我说完了。

"我想如果我们不想让 INFERNO 芯片在 100℃，那么 185℃ 会
更糟糕。所以这些热电制冷器有什么好处？" Herbie 沮丧地抱怨。

"尽管他们是昂贵的和不经济的，但确实有一些适当的用途。"
我说，"我来给你举个例子。假设你必须保持你的芯片在 40℃，但

环境温度是50℃。不管你给它一个多大的风扇或者散热器，你都不能让它的温度比环境温度更低。但是如果你把热电制冷器放在芯片上，然后添加一个大散热器，并且用一个风扇吹它，以至于热端只有80℃，那么你可以冷却芯片温度低于环境，达到40℃的要求。用于光纤通信的激光发射器使用了这个概念。激光二极管太热的时候就不会很好地工作，所以它们用一个内置的热电制冷器把它冷却下来。"

Herbie看着一堆视图说道："我猜对于MMMnMM项目我们将移除额外的机箱，然后把风扇盘放回去。"

"你确定吗?"我问，"我认为，一旦一些东西写在图样上，它就像写到了石头上一样。"

Herb说："没错，但我将会提交一个VCR（一个视图更改的请求，Viewgraph Change Request）。我想你出席会议是件好事。有趣的是我记得没有邀请你。哦，顺便说一下，在你毛衣的前面有一些面包屑"。

第三十章　纸　牌　屋

即便是专家也曾迷信一些神话。深夜的忏悔显示通过控制电子设备温度来提高它们的性能和可靠性的方法并不像声称的那么厉害。希望不久的将来，科技的进步能够在不颠覆整件事情的情况下为这个"纸牌屋⊖"打下一个坚实的基础。为什么没有任何人担心？

经验：电子设备的温度和可靠性之间的关系没有那么科学。

"热传递不是一门精确的艺术。如果你能计算出正负25%范围内的结果，你就做得很好了。"

——Professor Bob Moffat，Stanford University，1981.

"最新的研究表明，如果你保持在明显是破坏性的一定范围内，电子元器件的稳态温度和它的长期可靠性几乎没有关系。"

——Michael Pecht，University of Maryland，1990.

"你说我的元器件将达到127℃。设计准则说不要超过125℃。如果我不解决这个问题会怎样呢？"

——Herbie，TeleLeap，1997.

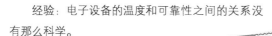

⊖　美国政治题材电视剧，改编自英国作家迈克尔·多布斯创作的同名小说。——译者注

这是那些在实验室中漫漫长夜中的一个。并没有特别的理由需要待到很晚，测试结果一时半会儿也出不来。冬日的暮光从下午 3 点一直到现在笼罩着停车场。许多计算机的散热风扇使我们在噪声的氛围中感到窒息，Herbie 和我正努力完成我们的最新温度测试。

2h 的工作从午饭后一拖再拖，直到接近晚上 9 点。电源线脱落，流量仿真软件无故卡死，迫使我们重新启动操作系统。我花了 1h 寻找一卷热电偶数据记录器用的打印纸，最后是在自助餐厅的收银机中找到一个。那天晚上的自动售货机咖啡的味道特别苦。总的来说，生活或者特别是工程项目似乎完全没有意义。

Herbie 和我坐着，把我们的脚放在实验室的长凳上，盯着数据记录器的 LED 显示屏。它闪现着 Herbie 主板上有问题的元器件外壳温度，这不是一块他引以为傲的主板。这是 TeleLeap 公司最早一代产品的一个重新设计，一块简单的 Crosser System（销售说明书中是 Crosser-Classic™）的接口卡。它有很长时间了，制造商已经停产了其中的几个元器件。Herbie 的任务是用新的可用元器件复制一个旧的、慢的、低技术含量的电路。设计工作没有挑战性，除了要保持最初设计中我们的一些客户认为是"功能"的错误。没有人期待这个即将发布的板子。TeleLeap 公司不得不用替代元器件来支持这个旧的 Crosser 系统。那天晚上，我们没有感觉到像火箭科学家。

温度测试被认为只是一个走过场。旧的接口板产生很少的热量。然而，由于比原来设计的元器件密度有所增加，32 个部件现在都被封装在一个元器件中，现在这个新的输电线驱动芯片被测出有点热。也许是好奇心，使我们待在实验室里看着这个芯片的温度每分钟缓慢上升。

每隔 10min，热测试的打印机发出"嘀嘀"声，在纸条上打印出热电偶的读数。Herbie 用手指把纸条夹过来，就像 20 世纪 20 年代的股票大亨。"这个驱动器芯片温度已经有 20min 没有变化了。"

他说，"你是否准备结束并且说我们已经达到了稳定状态吗？"

我几乎会同意任何事情。"是啊，好吧。稳定状态。结果是什么？"

Herbie 在他手持计算器打了一些数字。"在最恶劣环境温度50℃时，我得到的这一元器件的结温将是——嗯——127℃。这似乎有点高。这是一个好的结温吗？"

我拿出我的口袋版的 TeleLeap 公司良好设计准则。"我们这类元器件的温度限值表上说，如果我们想要保证它良好的可靠性，这类元器件的运行温度不应该超过 125℃。"

Herbie 手中的纸带滑落。"看起来我超过限值了。难以置信！这是一块傻瓜电路板，没有高功率、高频率，什么都没有，现在你要让我重做布局或者添加一个散热器。你真的要我改变设计方案，只是因为这微不足道的 2℃？"

我叹了口气，突然很累。我问道："你是否测试过这个板子工作在最恶劣环境下是不是工作正常？"

Herbie 说："哦，是的，我让它在高温环境箱中待了几天。一直到环境温度 70℃ 之前它运行的都很好，大量的时序余量和其他一切。温度可能会变得更高，但 Doc 因为别的重要事情需要用那个温箱。这个板子只要工作在最高 50℃ 的环境中。今天我们只需要测试看看它是否满足可靠性要求。"

"在这种情况下，"我说，"我会在测试报告中注明驱动器芯片超过良好设计准则的温度极限，但对于可靠性的影响是微小的，所以我建议不必做任何的设计变化。"

Herbie 很满意这个答案，我们开始拆卸我们的设置。当我把热电偶从样机机箱中钩出来，Herbie 关掉了实验室所有的电源开关。当我正纠结在回家的路上打包什么快餐外卖当晚餐的时候，Herbie 停了下来，然后坐了下来。

"但是你怎么能说风险是轻微的？"他问道。"难道你不用至少把这些温度数据给可靠性工程师 Sharon，这样她可以通过她的可靠性计算程序系统来做分析？我所有的其他板子你都很关注，要保证所有元器件的结温必须在设计准则的范围内。你让我添加风扇或散热片或改变布局。我一直认为，如果我们不那么做，我们的客户随时都将会退回来用小松木盒子装起来的烧坏的板子。现在你说这个板子是好的，只因为超出温度范围 2℃。就好像这些温度限制没有任何意义！"

我解开刚刚穿上的大衣，从他面前走过去坐下。由于加班，我们的孤独，冰雹打在窗户上，长时间和令人沮丧的工作，该是道出真相的时候了。"好的。"我说，长长地叹了口气。"如果你一定要知道，那么我来告诉你。我不能让所有的板子都工作到超出几摄氏度，这是因为控制电子产品温度的整件事情就是一个纸牌屋。我们假装我们知道很多关于温度是怎么影响电子产品工作的，但其中大部分错误观念的集合是建立在神话上的。"

"让我们开始我们的小测试。你和我说环境温度 50℃ 时，驱动器元器件的结温将会是 127℃。但我们知道的真的是结温吗？有几个错误的来源你应该注意。

1. 热电偶线的校准是 ±2℃。这就可以将你的元器件拉到范围内。但热电偶线的校准是我最不担心的。

2. 当你刚刚从我们测量的壳体温度计算结温时，你使用了驱动芯片的功耗和元器件封装的热阻。我敢打赌一袋饼干你并不知道那个驱动芯片的确切功耗。你没有在电路中测量它——你使用了说明书中最恶劣的数据。它无论是高或低都可能是偏差 50% 或更多。如果我们真的想知道元器件的准确结温，我们必须测量真正通过芯片将电能转化成的热能。但没必要那么做，因为它被结壳热阻 R_{j-c} 这一错误值掩盖。对于一样类型的元器件，没有两个供应商会给出相同的数值。这些人写了如何测量结壳热阻的行业标准，但他们警告我们不要太相信 $R_{j\text{-}c}$ 的准确性。并且每个人都承认 $R_{j\text{-}c}$ 取决于空气流速有多快以及板子含有多少铜。所以为了得到我们的结温，我们用了一个有偏差的热电偶读数，并加上了两个猜测的数值。

3. 然后是环境。我们在正常的房间温度（约23℃）下做测试。如果环境温度是50℃，你只需要在所有的测量结果上加上27℃。这种假设大部分时间可能没问题。但我们在这个实验室的测试真的复制了客户安装 Crosser 的环境吗？也许他或她的空调出风口不会像我们的这个那么近。也许他的"静止空气"和我们的"静止空气"是不一样的。一种环境下到另外一种环境下的可重复性又是如何？

4. 元器件之间也有很大差异。也许我们测试的这个运行的功耗很高，或者也有可能很低。我们应该测试多少样品才能准确地将它们归为一类？板上所有其他元器件的变化又怎么样？他们会影响线路驱动的行为吗？当输入电压变化，它们如何变化，元器件的特性在超过20年的寿命里，随着元器件使用时间的增加会发生什么？

5. 这些准则中的工作温度限制怎么来的？我被告知，它们是有人从实际的现场失效数据中提炼出来的。如果这是真的，当元器件故障时，怎么会有人知道结温的？我们甚至在实验室中都没有一个好的测量结温的方法？那些猜测会比我们今晚的更精确吗？

6. 这线路驱动去年刚上市。如果我们的可靠性限制是为了帮助我们的电路持续20年，怎么有人可能知道一个全新的元器件真正的故障率是多少？它还没有存在10年或20年！有谁知道温度对它的长期生命有什么影响？啊，神奇的词——加速寿命测试。他们将一批元器件在200℃下运行6个月，从而推断从可能出现的70～200℃的元器件失效率。这听起来有点虚假吗？嗯，啊！有很多发生故障的机理只有在超过100℃才发生。这个就像对一个蜡烛进行高于熔点的寿命测试，然后试图使用来预估蜡烛正常温度工作时的情况。我看过的技术文章（好吧，至少我看了摘要）表示元器件稳态结温不会影响长期可靠性。

"据我所知，电子行业中使用的温度限制就像变魔术一样出来的。我们没有很多理由应用这些温度限制，但电子元器件似乎工作得很好。可靠性和质量一年比一年好，所以没有人去质疑温度限制背后的原因。也许温度控制是一件好事，但是这只是一个巧合，电子元器件变得越来越自动化，因此越来越少的人会犯错使板子损坏？如果这些限制是科学的，像 IBM、摩托罗拉、Northrop 和 AT&T 这样的大公司所使用的温度范围都不同是不是很奇怪。

7. 最后一个也是最假的，几十年来我们散热大师们通过声称如果你控制元器件温度可以提高可靠性来证明我们的存在。有一个温度影响元器件、板子或整个系统寿命非常精确的计算方法。它被称为 MIL-HDBK-217，因为它是由军队和承包商创造的。他们是那群想出元器件温度每上升 10℃ 寿命减少一半法则的人。这就是所有这些可靠性计算机程序基于的理论基础。217 的唯一的问题是它行不通。如果你比较元器件真实的失效率和 217 预测的失效率，他们看起像麦当娜（美国女歌手、演员）和猫王（美国摇滚歌手、演员）。即使是国防部也不再使用它了。"

我用手指捻起了热电偶线。我出汗了，不仅仅是因为冬天的外套。Herbie 已经半闭上他的眼睛。他说："我猜所有这些温度在你的仿真软件中都会翻倍。"

我点了点头，说"当然。还不如热电偶测试。"

"所以你说的是——我想想是否我已经领会了你的要义——你无法得到的元器件的结温，至少不是偏差几度。即使你可以，也没有人确切地知道结温多少是个好的限制。不管我们如何将温度降低到限制以下，它可能对我们长期可靠性不会带来什么改善。这是你想说的么？"

我把热电偶的顶端塞进拇指和食指之间。这根30-gage线坏了，数据记录仪突然显示亮了起来"ALARM：OPEN T/C"。"是啊，Herbie，仅此而已。"我抬起头说。我感觉我很像The Music Man（美国爱情喜剧片）结尾的Robert Preston，当时他被揭露是诈骗艺术家。一方面我有些担心Herbie把我之前的糊弄传播出去而遭受口头严惩；另一方面我为最后说出了真相松了一口气。

"那有什么大不了的？"Herbie说，"你为什么之前不告诉我这些？毕竟，它只是散热。并不是所有人都关心的温度。我们希望你能做的就是告诉我们是否电路板能正常工作。我们不在乎它的精确性或者科学性。如果你必须做些什么来让我们相信你非常了解你所说的，那么你就在元器件上放一些鸡骨头。"

"什么？"

Herbie对我哼了一下。"看，我明白发生了什么。你不能到处向大家解释说你有些错误的冗余，而你对此不太确定。经理和客户只想要简单的答案。你还没有对任何人撒谎——你只是简化一点。"

"每个人都有模糊的概念知道热不利于电子元器件。去年，我们已经有热失效的电源，然后是同步脉冲电路变热时开始发生飘移。如果我们没有和你一样的热监控，我们可能会设计我们的板子热得像一个烤面包机一样发光。所以也许你不知道我的驱动芯片的结温有多热，并且你也不确定限制温度的精准性。有人为我们设置了一些限制，否则我们会疯狂的，并且没有任何事情可以工作。让我告诉你这一点：无论你认为你的热方法多么的不精确，这都比我们电子工程师提出的方法更加科学。所以继续你正在做的事情，如果你不得不扔出一个小谎言或夸大测量的精度，或者变个魔术——去做吧！我们需要相信有人能处理得了这个主题。"

Herbie穿上自己的外套。显然我深夜的忏悔对他没有产生在我身上一样的影响。"所以我并没有让你相信我的工作就像纸牌屋一样可能会分崩离析?"

Herbie 把钥匙从口袋里掏出来说:"你还记得那个不久之前待在这里的孩子吗?"

"Matthew? 当然。"

"你整天向他解释你所做的,给他看这种高科技,闪光的东西。你告诉他,你测量电子元器件的温度和确定它们是否太热。还记得他的反应吗?"

"是的。"他做了一个有趣的鬼脸,说:"就这些吗?"

Herbie 已经走向大厅,举起一只手告别。"记住这一点。这正是每个人如何看待你所做的事。"然后他就走了。

我点了点头,心里知道 Herbie 是正确的。我可以在纸牌屋上建立我的整个职业生涯,并且过得很愉快。但我答应自己我可以做得更好,因为我知道或许在不远的将来,我就可以做到。

Herbie 的准备工作助手

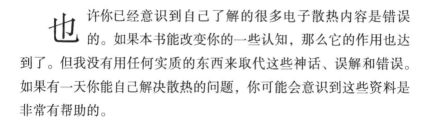

如果我让你对于热交换和电子散热或者是关于
本书中的任何内容充满兴趣，你可以从以下这些资
料中找到更为详细的说明。

许多你已经意识到自己了解的很多电子散热内容是错误
的。如果本书能改变你的一些认知，那么它的作用也达
到了。但我没有用任何实质的东西来取代这些神话、误解和错误。
如果有一天你能自己解决散热的问题，你可能会意识到这些资料是
非常有帮助的。

通用性的参考

1. Baumeister. Theodore. 和 Marks，Lionel S.（eds.）. Standard Handbook for Mechanical Engineers. McGraw- Hill，New York.

最后获取最新的版本。我目前用的版本是之前大学时期的奖
励。它只有很少的内容直接谈论电子散热，但它充满了参考材料，
例如材料热导率的表格和高海拔的大气特性。确保你有这本或者相

类似的书，特别是在图书馆没开门的时候，你也可以查找一些不明确的内容。

2. Manual on the Use of Thermocouples in Temperature Measurement. ASTM STP 470，Philadelphia.

它上面有很多我所需要的热电偶信息，而且它有各种类型的热电偶的校准表。如果你需要得到非常准确的温度测量（低至0.01℃），那么这本书将会非常有用。

传热学基础

1. Holman，J. P. Heat Transfer. McGraw-Hill，New York，1986.

这是一本非常流行（可读性强！）的大学本科传热学教科书。这是我作为一名工程师开始工作之后所买的基本教科书之一。它是认知传导、对流和热辐射基础的好书本。它不会具体到电子散热。工作中努谢尔数和等温线的关联式不会直接使用，但在你开始考虑芯片和气流之间的热阻之前，你必须了解这些热和温度的基础。对流换热系数和材料的热特性是非常有用的。仅仅是为了新增的附录，我也会再次购买这本书。

2. Kays，William M.，and Crawford，Michael E. Convective Heat and Mass Transfer. McGraw-Hill，New York，1980.

这是一本研究生阶段的教科书。除非你已经上过传热学和流体力学课程，否则你自己可能无法读懂它。其中有你一直想知道的边界层理论和 Navier-Stokes 方程，这也是计算流体动力学的基础。

3. Moffat，Robert J. "Experimental Methods in the Thermosciences."

Bob Moffat 是地球上少数几个了解热电偶工作的人。他通过美国机械工程师协会（ASME）定期提供短期课程，分享他的认知和其他热经验技术。

电子散热

1. Kraus，Allan D. 和 Bar-Cohen，Avram. Thermal Analysis and control of Electronic Equipment. McGraw-Hill，New York，1983.

这本书完整的介绍了电子散热的问题。它主要是定性和描述性的（它不是一本问题解决的教科书）。我发现散热器翅片优化的章节对于真实的设计工作非常有用。

2. Scott，Allan W. Cooling of Electronic Equipment. John Wiley & Sons，New York，1974.

这是一本短小实用的书籍。它没有很多理论公式，但给出了一些简单的方式来计算导热散热、空气散热和辐射散热。对于一些没有全职进行散热工作的人而言，这是一本入门的好书。我手里有的版本有点过时了（书中的例子有点像石器时代的电子产品），但传热学的概念还是有效的。

3. Ellison，Gordon. Thermal Computations for Electronic Equipment. Krieger，Malabar，Florida，1989.

对于电子散热认真学习的学生而言，其中有很多好的材料。作者解决了数十年来电子行业的各种散热问题。这本书总结了他解决问题的方式，以便他可以教他公司的其他人。特别有用、简单、实用和足够精度的方法来预测空气通过电子设备的压降损失。这本书配备了一个款软件，采用热阻网络的方法来求解温度分布和流动。

4. Pecht，Michael(ed.). Handbook of Electronic Package Design. Marcel Dekker，New York，1991.

为了了解热量如何通过电子设备，你不得不知道它们是如何在一起的。这本书十电子封装方面很好的参考书。它有些内容涉及散热技术。很多时候我用它来查找术语定义。

5. Lall, Pradeep; Pecht, Michael G; and Hakim, Edward B. Influence of Temperature on Microelectronic and System Reliability. CRC Press, Boca Raton, 1997.

这本书是研究工作的总结，是温度对于电子可靠性影响新理解的基石。它是新纸牌屋的框架，新纸牌屋正在取代 MIL-HDBK-217。

行业标准

1. Bellcore GR-63-CORE, "Network Equipment——Building System (NEBS) Requirements：Physical Protection."

它涉及很多通信行业的标准，描述了很多数据中心内部的物理环境。Bellcore 有室外设备和大量其他产品的标准。如果你工作在通信行业，这份文件将是你持续不断信息和恼怒的来源。不幸运的是它不容易获得。Bellcore 通过出售并不便宜的影印本来赚钱。如果你仅仅是想看一下，可以到图书馆碰碰运气。

2. UL 1950, "Safety of Information Technology Equipment, Including Electrical Business Equipment." Underwriters Laboratories.

这是适用于电信设备（以及其他商业电子设备）的另一个行业标准。其中，你将找到安规标准，它描述了人们使用的表面在要烧毁的时候有多热。同样，这份文件只能从 UL 那获得，而且费用也不低。

技术期刊

为了跟上这一领域的最新趋势，看一下下面这些期刊和杂志：

1. Journal of Electronic Packaging, ASME（美国机械工程师协会）出版。

2. Components, Packaging, and Manufacturing Technology, IEEE（美国电气电子工程师学会）出版。

以上两本杂志都是经过同行评议的。订阅的价格相对合理（对协会成员有折扣），或者可以在大学图书馆中找到。

Electronics Cooling 是一本定位于工作在电子行业散热工程师的技术杂志。它有很多关于选择一个散热器或使用 CFD 软件而非 Navier-Stokes 方程求解新方法的文章。对读者进行评估（我猜想是对杂志广告感兴趣的人）之后，它可以免费提供。联系他们：81 Bridge Road, Hampton Court, Surrey KY89HH, United Kingdom.

树立正确的态度

1. Firesign Theatre, Everything You Know Is Wrong.

这是一张 1975 年首发的喜剧专辑，并且之后以各种形式进行传播。或许它们有一天会在磁带或者 CD 上发行。它是关于"实际上南方赢得内战胜利"，并且其他一些你不知道的事情。

2. Gould, Stephen Jay. The Mismeasure of Man. W. W. Norton, New York, 1981.

Gould 曾经耗费了整个职业生涯撰写了一篇科学文章，并且让非科学家来了解它，尤其是生物学和进化论领域。

这本书摒弃了流行的观点（即使在科学家之间），人们可以通过一个单一的数字来衡量和估价，比如智商。不是你在书中读到的或从科学家那里听到的所有东西都是真实的。

3. Loewen, James W. Lies My Teacher Told Me. The New Press, 1995.

这是一本关于"你的美国历史教科书都是错误的"严肃的书籍。阅读它之后，你会怀疑你自己出生证明的真实性。

4. The Bible（圣经）.

挑选你喜欢的版本。当其他人不工作的时候，我会拿出这本书。通常我找不到解决问题的方法的原因是我的大脑阻碍。谚语3:7 建议，举例，"永远不要让自己以为你比自己聪明。"